天然林保育学

NATURAL FOREST CONSERVATION

侯元兆　陈幸良◎主编

中国林业出版社

图书在版编目(CIP)数据

天然林保育学 / 侯元兆, 陈幸良主编. -- 北京：
中国林业出版社, 2022.4
　ISBN 978-7-5219-1286-9

　Ⅰ. ①天… Ⅱ. ①侯… ②陈… Ⅲ. ①天然林—森林
保护—研究—中国 Ⅳ. ①S76

　中国版本图书馆CIP数据核字(2021)第149111号

策划编辑： 李　敏

责任编辑： 李　敏　王美琪

出版	中国林业出版社（100009　北京市西城区刘海胡同7号）
	http://www.forestry.gov.cn/lycb.html　　电话：（010）83143575
印刷	河北京平诚乾印刷有限公司
版次	2022年4月第1版
印次	2022年4月第1次印刷
开本	889mm×1194mm　1/16
印张	12.25
字数	244千字
定价	150.00元

未经许可，不得以任何方式复制或抄袭本书的部分或全部内容。

版权所有　侵权必究

《天然林保育学》编委会

主　　编：侯元兆　陈幸良

副 主 编：尉文龙　朱春林　芮飞燕　刘婉凝

编辑顾问：Yves Ehrhart（伊夫·艾哈勒）（法国）　霍振彬　徐成立

　　　　　邬可义　赵久宇　王　辉　官秀玲

编　　委：（按姓氏笔画排序）

　　　　　马　进　马　媛　冯　辉　全　锋　朱春林　刘婉凝　许云亮

　　　　　许丽萍　许俊文　芮飞燕　吴栋栋　狄贵明　陈幸良　范丽剑

　　　　　罗灵芝　赵小飞　赵国顺　胡雪凡　战景辉　侯元兆　秦　飞

　　　　　高贤军　梁　晨　尉文龙

前 言

　　本书是一本关于天然林，主要是天然次生林的保护与经营的著作。它重点论述了我国天然次生林向优质乔林转变的基础理论和技术。读者在这里可以看到一套新的林学体系，接触到一系列的新概念。

　　首先，本书把天然次生林确定为矮林、中林、乔林三大类型，每一种类型又都区分为幼龄、中龄和老龄三类。这是符合中国林情的。我国的森林开发历史悠久，森林几乎都已次生化，特别是阔叶林，几乎全部萌生化了。而我国过去三四十年里几乎没有真正涉及过天然次生林的类型划分问题。本书依据事实，给予天然次生林一个科学分类。

　　本书根据对矮林、中林和乔林的分类，给出了与各类型相关的概念及各类林分的转变模式。例如，针对矮林，给出了单纯矮林、择伐矮林等概念，指出矮林的年龄等于伐桩年龄加上树木年龄，还给出了主要的转变模式；针对中林，给出了两个林层以及无规则郁闭、水平郁闭的概念，也给出了中林的主要转变模式；针对乔林，给出了整齐乔林、不整齐乔林、择伐乔林、串根乔林等概念以及相应的转变模式。

　　本书提出，林分类型的转变是次生林经营的核心理念，优质乔林均是由各种低质类型转变而来。我国多年以来使用的诸如低效林改造等"林分改造"一词，实际上是缺乏科学性的。它应当被区分为"转变"和"改造"两个含义，而"转变"才是最核心的理念，只有"转变"，才能保障森林的永续存在和近自然经营，而"改造"也可能是把次生林清除重造。林分的"转变"是围绕着目标树而转变的，这又牵扯出了目标树（位置树、未来树）、防护树、保留树、保留树选择等一系列相关概念。

　　很多情况下林分转变是通过林分更新实现的。但天然更新又提出了"天然更新的最佳林分密度"问题，而这又决定了对各种类型天然次生林的疏伐力度和方式。本书指出，这些问题在我国虽然有一些经验，但尚无科学研究。本书还提出了"人工林的近自然经营"问题，也就是人工林的天然化转变。在我国，的确有相当一部分人工林需要转变成近自然林。因此，研究它的转变规律和未来发展也十分有必要。

　　本书还提出了其他一些技术概念，如林道建设中的"八"字形排水沟，森林更新的折灌技术，以及北方冬春季节对于林苗的扩土增温等。本书说明了森林割灌仅围绕选择出的更新层实生树开展，并最好采取折灌、踩灌等方法，普遍割灌绝对不是森林经营的必然措施。本书还涉及了一些其他概念和技术。

前　言

本书有两个案例。一个是河北省木兰围场国有林场（以下简称"木兰林场"）的各种低质次生林和低质人工林向优质乔林的转变。木兰的次生林转变经验已经大面积推广，人工林的近自然转变也已显示出了天然化的初步成果。另一个是山西省交口县结合矮林、中林经营生产食用菌菌棒的案例。已证明矮林、中林的转变式经营，完全可以长久保障全县的菌棒原料需求。交口县案例实际上提出了一个短周期物料生产和长周期大径材培育有机融合进次生林转变过程的新林业模式，从理论上抛开了天然林经营仅培育中大径木材的传统模式。令人高兴的是，内蒙古科右前旗也在实验将短期的物料生产与长期的森林培育相结合的做法。相信，今后的林业都会走这条路。

关于我国天然次生林的分类定义和经营技术，是继承和发扬了四十年前某些老一辈林学家们的林学体系，是在他们的林学基础上的创新。早在20世纪60至70年代，我国在国务院副总理谭震林的领导下，就已经把小陇山天然次生林经营经验推广到了北方16个省（自治区、直辖市）。

本书的纂写，还借助了20世纪80年代本人在法国学习到的知识。本书所反映的次生林林学体系，其实与西欧的林学体系异曲同工。

需要说明的是，本书虽然强调天然林问题，但是并不否定人工林和人工林科学。我国非常重视人工林的发展，这是由于我国原本缺乏森林，大力造林是现实的选择，这也促进了我国人工林科学的发展，总体来讲我国关于人工林的教学与科研，是很先进的。

书中图片，除署名之外，均为侯元兆拍摄。部分参与本书撰写或者以不同的方式支持本书出版的还有：徐成立、赵久宇、邬可义、王辉等，山西省交口县有关人士如冯辉等，北京林业大学林学院孟京辉，北京中林联林业调查规划院霍振彬、芮飞燕、赵国顺等。

侯元兆

2021年6月

目 录
CONTENTS

前 言

绪 论
我国天然林保育学的理论空白　　001

第一部分
天然林的分类　　005

一　天然林的原真性　　006

二　原始林　　008

三　近原始林　　011

四　一般天然林　　012

五　天然次生林　　015

第二部分
天然次生林经营的基础理论　　021

一　天然次生林的四个发育阶段　　022

二　高斯曲线　　022

三	一个核心经营概念——目标树	024
	1　什么是目标树	024
	2　如何选择目标树	024
	3　目标树作业体系有三大优势	026
四	矮林	028
	1　矮林的概念	028
	2　矮林的特征	030
	3　矮林的缺陷	031
	4　矮林的分类	031
	5　矮林的转变	033
	6　矮林过了最佳经营期如何弥补	038
	7　什么情况下可以经营矮林	039
	8　一个德国栎类矮林转变的例子	039
	9　杉木矮林的研究	040
五	中林	040
	1　中林的概念	040
	2　中林的特征	040
	3　中林的转变	044
六	乔林	048
	1　乔林的概念	048
	2　乔林的特征	048
	3　乔林的分类	049
	4　乔林的经营	051

七　森林经营与光的关系	054
1　森林更新需要阳光	054
2　树冠要暴露，主干要庇护	056

八　次生林经营：是转变还是改造	057
1　定义	057
2　转变	057
3　改造	062

九　林分更新	065
1　林分更新的途径	065
2　天然更新中原有林分密度多大最合适	066

十　人工林的天然化转变	068

第三部分
木兰育林精要　　073

一　木兰林场：前途何在	074
二　木兰的森林经营理念	077
1　木兰的近自然育林理念	077
2　木兰的树木起源理念（区分矮林、中林和乔林）	078
3　木兰的林分转变理念	079
4　木兰的林分更新理念	080
5　木兰的目标树理念	081
6　木兰的林分发育阶段理念	083
7　木兰的树种理念	083
8　木兰的树木生长周期理念	084
9　木兰的增值资源与贬值资源理念	085
10　木兰的恒被林理念	085
三　木兰的育林技术	086
1　天然次生林转变技术	086

		2	人工林近自然转变技术	087
		3	干扰树确定技术	087
		4	修枝技术	088
		5	疏伐强度控制技术	089
		6	扩穴增温技术	089
		7	折灌技术	090
		8	种源区块布设技术	091
		9	林区道路设计	091
四	木兰森林经营案例			093
		1	木兰林场天然次生林综合经营	093
		2	天然栎类林的近自然经营	099
		3	落叶松—白桦混交林的近自然经营	109
		4	白桦矮林的近自然经营	111
		5	山杨林的均质经营	113
		6	落叶松人工林的近自然转变	115
五	流域的统一经营			120
六	经济效益对比			122
七	人力资源的开发			125
		1	极好的案例，缺乏人力的教训	125
		2	对木兰的教训	125

第四部分
交口县育林精要   **129**

一	说　明			130
二	交口县森林资源概况			131
		1	森林资源概况	131
		2	主要森林类型	132
三	交口县栎类天然次生林经营方案			136
		1	栎类天然次生林的经营目标、经营理念和完整流程	136

	2	辽东栎矮林的经营	137
	3	辽东栎中林的经营	140
	4	辽东栎乔林的经营	142
四	经营后的林分生长		143
五	天然次生林经营的扶贫潜力		145
	1	天然次生林抚育的产物	145
	2	物料产量和价值数据	146
六	国储林、食用菌专用栎类矮林等计划		147
七	天然次生林经营的初步效果		148
八	传统森林经营理念的变革		150
九	推广案例：内蒙古科右前旗蒙古栎经营实验		150
	1	栎类天然林现状及存在的问题	150
	2	栎类天然林经营措施	152

参考文献　　155

附件1
树木起源包含着天然次生林运行的全部密码　　157

一	这四张图片，你能读懂吗		158
二	树木起源包含着天然次生林运行的全部密码		160
	1	树木的两种起源决定了林分的两种发育轨迹	160
	2	树木的两种起源组合成三种林分类型	163
	3	忽视树木起源导致森林经营理念违背国情林情	163
三	国内曾存在天然次生林经营理论		166
	1	中国自己的林学瑰宝	166
	2	欧洲林学的教益	168
四	我们用双脚解读了中国森林		169

附件2
林业上有个幼化理论，你再不知道就要怪你了   **173**

附件3
我为主根鸣不平   **179**

Part 0

绪 论

我国天然林保育学的理论空白

我们都知道，森林分为天然林和人工林。天然林又分为原始林、近原始林、一般天然林和天然次生林。本书论述的问题主要是天然次生林。

天然次生林又分为矮林、中林和乔林。

一般说来，在广大的农业、牧业地区，森林都是在历史上被反复砍伐过的。被砍伐过的森林，其中的阔叶树一般具有萌生能力，于是就形成了萌生林，也即矮林。除杉木外，针叶树一般不具有萌生能力，我国的矮林还是很多的。这是一个不争的事实，也是我国的基本林情。但是，我国森林的这一特点，过去没有得到体现。过去虽然有矮林作业法、中林作业法、乔林作业法的提法，但是作业法不等于次生林类型。

我国森林现在有两个"游泳池"，一个是人工林"游泳池"，面积是7954.28万hm^2，占全国森林面积的36%；一个是天然林"游泳池"，面积是13867.77万hm^2，占全国森林面积的64%。可是，二三十年来，我国林业专家几乎都是在人工林"游泳池"里游泳，学校也主要是教学生如何在人工林"游泳池"里游泳，他们忽视了另一个"游泳池"。

20年前，国家要求林业专家们到天然林"游泳池"游泳，可是20年了，情况依然难有改变。这两年，国家再次强调天然林保护并强调精准提升森林质量。我们究竟怎样认识天然林"游泳池"呢？

20世纪90年代，我们执行过一个4000万元的国际项目。项目以中国林业科学研究院副院长洪菊生为首，侯元兆是这个项目的实际操作人。项目执行地在海南岛，项目执行期12年。

项目有一个板块是热带天然林经营，当时我们尚没有足够的天然林经营知识储备，所以，就把天然林经营样地整成了人工林的样子（参见图0-1）。国际专家不予认可。好在海南省人民代表大会及时决定保护海南的全部天然林，不允许扰动，海南的天然林这才得以保全。这件事也说明，在林业专家的头脑里，有的只是人工林。他们头脑中的标杆就是天然林本应当是人工林那个样子，直到今天，很多人还是那么认为。

即便是十年前，我国开展森林经营的时候也是很盲目的。当时进行全国性的林下割灌，以为割灌就等于天然林经营，这反映了我们对天然林经营这个领域还没有认识（参见图0-2）。

在我们看来，我国天然林经营理论基本上是空白的。首先是没有对天然次生林类型的认识，我们面对的这1.2亿公顷的天然林，大部分都是质量较差的天然次生林。在林学上，我们没有对这部分次生林的类型进行科学划分并由此制定出经营计划。

森林经营，原本是要针对不同森林类型采取经营措施的。在我国现有的天然次生林经营领域，有

图0-1 当初把热带天然林经营成了人工林的样子，仅留知名和欠知名树种

图0-2 当初的天然林经营就等于林下割灌

各种作业法的提法（如矮林作业等），却没有不同树木起源的划分，即区分起源于萌生的矮林、起源于萌—实混生的中林和起源于实生的乔林。我们没有这些概念，反映这个问题的文献也比较稀少，特别是近二三十年以来的文献是找不到的。至于乔林这个概念，我国定义只有实生起源的才是乔林，这个定义也是不全面的。

　　树木的不同起源，决定了它的不同发育轨迹。例如，起源于萌生的林木（矮林），会早期速生，但寿命短、衰退快，通常林木也不会挺拔高大。而起源于种子的林木（乔林），头一二十年的生长一般都比不过萌生林，但实生树木幼化程度最高，中后期的生长优势极强，寿命也很长，例如杨树、柳树，都可以达到800年以上。而萌—实混生的林分（中林），至少有两个林层。林分是水平郁闭还是无规则郁闭，是制定经营措施的一个依据，而我们的这些概念尚不明确。

　　在这个方面，我们甚至没能继承中华人民共和国成立初期那一批林学家们（往前推就是民国中央大学森林系那批教授们，往后推就是20世纪80年代的一些林学教授们）的知识。如前辈林学家曹新孙曾提出过"择伐林"理论（就是现在说的近自然异龄混交林），他主张从天然次生林的不同起源入手规划次生林经营，还主张把次生林分为矮林、中林和乔林。这些人当中，不乏在欧洲从事林学研究和实践十几年的，他们深谙那个时代欧洲是如何对待次生林的。吴中伦院士曾在美国留学（美国第一任林务局长毕业于法国前皇家林学院），曾在前中央大学森林系任教，后参与创办中国科学院沈阳林土所（今中国科学院沈阳生态应用研究所）的曹新孙教授也毕业于那所学校。

　　即便不说那么远，20世纪80年代也有林学教授仍坚持这些对于次生林的认知，如北京林业大学的于政中教授。最近我们还查到了1989年肖承刚、王礼先教授翻译的奥地利学者——迈耶尔的《造林学——以群落学与生态学为基础（第三分册）》。该书明确地把次生林划分为矮林、中林和乔林，提到了欧洲关于不同起源林分类型的郁闭模式，明确提出次生林经营的主要模式是"转变"（"改造"只适用于个别情况）。

　　20世纪60年代一直到80年代初，中国林业科学研究院以吴中伦为首的林业专家团队在甘肃省小陇山次生林区所做的20年研究，也十分深刻地揭示了不同起源林分的演替动态。以锐齿栎为例，他们揭示出，矮林早期生长较快，但15～20年后开始自我稀疏并走向衰退，最终可能会回到原点。这是一个在系统调查不同起源树木的基础上设计林分经营措施的大型案例，他们提出了"综合经营"模式，并在北方16个省（自治区、直辖市）推广。可惜现在几乎已经没有人知道这些科学发现了。但这项研究的产出还摆在那里——他们经营的次生林实物还在，他们的著作也还在。近年我们几次前往小陇山调查，发现目前的立木蓄积量达到了180m^3/hm^{2}以上，德国专家看了也深感意外。

　　可惜这些宝贵的天然次生林经营知识，被慢慢丢失了，这主要是近二三十年的事。

　　下面，让我们依次阐述关于天然次生林经营的一套理论。

Part 1

第一部分
天然林的分类

一 天然林的原真性

我们奇缺原真大自然，奇缺原真天然林。

自然，已是我们最缺乏的资源。天然林，特别是具有原真性的天然林，也是我们所奇缺的资源。我们这个社会，过去对环境的改变太多了，我们已经远离了大自然。因此，我们受到了大自然的报复。这种报复是全面和细微的。我们已经在处处受到大自然的报复。

在我们的理念里，对自然的改造，要求太多、太久了，我们总是在走改造自然的道路。似乎一切都要人造的才是最合适的，包括森林。我们的森林，似乎只有人造的才是最好的。人们头脑中森林的概念，似乎总是人工林的样子。

但是，人类的一切活动，只有在天然的环境里，才能行稳致远、和谐和永续。其实，我们需要的是天然的一切，至少是近自然的一切。

今天，处于反思中的我们，对于天然环境，是格外的追求；对于天然林，是格外的需要。我们对于天然的环境需求，可能远非我们的想象所及。这正像20世纪70年代加拿大的一个报告所言（拉隆德报告），只有自然环境是健全的，人们的生存才是健康的。

天然林的本质特征是其原真性。所谓原真性，是指其各方面的自然度都是最高的。这一自然度是可以衡量的，表现为树种的天然性，树木生长的天然性，土壤的天然性，物种的天然性，生态系统机制的天然性等。

原真性的各方面自然度最高的就是原始林；接近各方面最高自然度的就是近原始林；整体系统自我运转基本正常的就是一般天然林；某些方面残缺的就是天然次生林。

森林自然度，是指地段的植被状况与原始顶极群落的差距，或次生群落位于演替中的某个阶段。

有研究提出，森林自然度等级划分为Ⅰ～Ⅴ个等级。为了研究森林自然度等级划分，首先给出Ⅰ～Ⅴ级森林自然度划分的原则。即：

Ⅰ.未受人为干扰的原始林或稳定的顶极森林；

Ⅱ.上层原始树种林木的郁闭度在0.2以上，其蓄积量在林分中占优势（50%以上）；

Ⅲ.上层原始树种林木以散生木状态保存，其蓄积量虽不占优势，但仍保持1/3的比例，林分总蓄积量属中上水平；

Ⅳ.上层原始树种林木零星可见，林分处中期发育阶段，主林层树种组成中原始树种和侵入的喜光树种都占有一定比例；

Ⅴ.天然更新幼林地、皆伐迹地、火烧迹地和宜林地。

森林自然度的划分参考表1-1。

表1-1 森林自然度等级划分

自然度等级	自然度值	林分状况
1	$0 \leq S \leq 0.15$	林分为疏林状态，一般为在荒山荒地、采伐迹地，地上发育的植物群落，或是地带性森林或人工栽植而成的林分由于持续的、强度极大的人为干扰，植被破坏殆尽后形成的林分，乔木树种组成单一且郁闭度较小，林内生长大量的灌木、草本和藤本植物，偶见先锋种，林分垂直层次简单，迹地生境特征还依稀可见，但已经不明显
2	$0.15 < S \leq 0.3$	林分为外来树种人工纯林状态，一般为在荒山、采伐迹地、火烧迹地上人为播种或栽植外来引进树种形成的林分，郁闭度较低，树种组成单一，多为同龄林，林层结构简单，多为单层林，树种隔离程度小，多样性很低，林木分布格局为均匀分布
3	$0.3 < S \leq 0.46$	自然度等级为3，林分为乡土树种纯林或外来树种与乡土树种混交状态，一般为在采伐迹地、火烧迹地上人为播种或栽植外来引进树种或乡土树种形成的林分，郁闭度较低，树种组成单一，多为同龄林，林层结构简单，多为单层林，树种隔离程度小，多样性很低，林木分布格局多为均匀分布
4	$0.46 < S \leq 0.60$	林分为乡土树种混交林状态，一般为在采伐迹地、火烧迹地上人为播种或栽植乡土树种形成的林分，郁闭度较低，树种相对丰富，同龄林或异龄林，林层结构简单，多为单层林，树种隔离程度小，多样性较低，林木分布格局多为均匀分布
5	$0.60 < S \leq 0.76$	林分为次生林状态，一般为原始林受到重度干扰后自然恢复的林分，有较明显的原始林结构特征和树种组成，郁闭度在0.7以上，树种组成以先锋树种和伴生树种为主，有少量的顶级树种，林层多为复层结构，同龄林或异龄林，林木分布格局以团状分布居多，树种隔离程度较高，多样性较高，林下更新良好
6	$0.76 < S \leq 0.90$	林分为原生性次生林状态，林分一般为受到弱度干扰的原始林，是原始林与次生林之间的过渡状态，树种组成以顶极树种为主，有少量先锋树种，郁闭度在0.7以上，异龄林林层为复层结构，林木分布格局多为轻微团状分布或随机分布，树种隔离程度较高，多样性较高，有一些枯立（倒）木，但数量较少，林下更新良好
7	$0.9 < S \leq 1.0$	林分为原始林状态，即自然状态，林分受到人为干扰或影响极小，树种组成以稳定的地带性顶极树种和主要伴生树种为主，偶见先锋树种，郁闭度在0.7以上，异龄林林层为复层结构，顶极树种占据林木上层，林木分布格局为随机分布，树种隔离程度较高，多样性较高，林内有大量的枯立（倒）木，林下更新良好

森林自然度的研究目前还不成熟，只供参考。

人工林是完全依靠人工造林和运转的，因此人工林没有自然度。它完全是人造出来的，按照人的设定生长和更新。它也是人类所需要的，但是纯粹是为了经济需求。人工林过纯，会带来各种问题，所以德国自20世纪中叶以来，推行人工林近自然化转变，经转变的人工林，也具备了一些自然度。我国向国际学习，20世纪80年代以来，也推行人工林的近自然经营，还只是一个开始。目前，适合国情的成熟案例，还不多见。

天然次生林都有某些方面的自然度缺失，因此需要人工按照自然的方法来修补。天然次生林的这个过程，一般是以人类需要为导向经营出来的森林，同时也是为了生产木材等林产品，这也是合理的。

总的来讲，天然林区分为原始林、近原始林、一般的天然林以及各种天然次生林。我国现存的各气候带天然林都有各自的特点和形态。

二 原始林

我国的原始林，都已经予以保护，通常无需人工干预。下面是几处原始林，请大家仔细欣赏其形态（图1-1～图1-9）。

图1-1 新疆阿尔泰山针叶原始林（图片：朱小龙）

图1-2 新疆天山针叶原始林（一）（图片：朱小龙）

图1-3 新疆天山针叶原始林（二）（图片：朱小龙）　　图1-4 云南普达措针叶原始林

图1-5 云南宁蒗混交原始林

图1-6 黑龙江小兴安岭伊春红松原始林

图1-7 海南热带原始林

图1-8 新疆胡杨原始林

图1-9 西藏原始林

以上是新疆阿尔泰山和天山、黑龙江小兴安岭伊春、海南、西部沙漠地区（新疆）和西藏的原始林，共同特点是林分结构长期形成，树种适应立地，生态系统自我运转，演替已达顶极。

但原始林也存在一定的问题，主要是原始林消退。原始林消退，主要是位于风口地带的林分逐渐减少，而不能天然更新。观察发现，较为避风处，林木种子落到枯死的树木上，尚可萌发成树。其他的很少见到天然更新。具体见图1-10~图1-15。

图1-10 新疆阿尔泰山退化中的原始林　　图1-11 新疆阿尔泰山退化中的针叶原始林（原始林已退化到只剩几株）

图1-12 新疆天山退化中的针叶原始林（图片：朱小龙）　　图1-13 新疆天山原始林只在倒伏木上更新（一）（图片：朱小龙）

图 1-14　新疆天山原始林只在倒伏木上更新（二）（图片：朱小龙）

图 1-15　新疆天山原始林的更新（图片：朱小龙）

三　近原始林

据盛炜彤（2016）所说，所谓近原始林，指未经人为或自然灾害干扰，或高度恢复的演替中的次生林，其树种组成、群落结构均接近于原生天然林。这类天然林为数不多，分布也较偏远，其物种多样性高。据《小陇山栎类混交林经营》中记载，王安沟的锐齿栎林结构复杂，其乔木层树种达53种、灌木层植物有46种、草本层有58种，是代表性的原始落叶栎类林。我国对这种森林的自然特性及功能研究很少，需要加强。

对这一类森林重在保护，发挥其生物多样性保护和生态景观功能。主要措施是采取保护性的抚育，如清除枯立木、过熟木及病虫危害木，砍除有碍林木生长的藤本植物，并维护建群种及主要辅佐林木、珍稀物种的更新，保护林下植被，保持林分的自然性和可持续状态。

在我国一些地方，较好的天然林也有进化到近原始林状态的，其主要特征是原始林分被破坏之后，重新演替到接近原始状态，像山西、甘肃的边远地存在多处（图1-16～图1-17）。

图1-16　山西太岳山栎类近原始林

图1-17　甘肃小陇山近原始林

四　一般天然林

我们把一般天然林定义为较好的天然林（近原始林）和较差的天然林（天然次生林）之间的那些天然林。这些天然林也属于次生林，但林相较好，只是继续天然林演替，一般也无需过多经营。

一般天然林像近原始林和原始林一样，具备了更多的原真性，它自己就可以完成这个进化，但是需要一个较长期的演化过程，人类可以基本不予干预，以保护为主，但如果霸王树或绞杀植物太多，可以适当去除。见图1-18～图1-23。

天然林的分类 | 第一部分

图1-18　吉林桦甸天然林

013

图1-19 黑龙江伊春天然林

图1-20 海南天然林

图1-21 河北木兰林场天然林

图1-22 黑龙江丹清河天然林

图1-23 黑龙江天然林，霸王树较多、林分较密，可以适当经营

五 天然次生林

除了以上类型的天然林，其余天然林就是这里所说的"天然次生林"了。天然次生林都需要经营。

我们可以想象，在一片空地上，要形成一片森林，可能是这样的情景：首先，土壤内的树木种子发芽、生长，伴随着杂草。杂草一岁一枯荣，而树木则持续生长。如果是落叶树，则是冬季落叶、春季长叶。如此数年，不断地发芽、生长。先是一个灌丛阶段，其中各树木竞争性生长。而后，有一些树木长高占据绝对优势，它长成细杆材、杆材。这时，就完成了建群阶段，成为森林。

地里有阔叶树树桩，其休眠芽（不定芽）定会萌发，形成矮林。矮林同样也要经过灌丛阶段，达到细杆材和杆材阶段。由于萌发较多，一开始，往往较密，并且经过几次自我稀疏，才成为相对稳定的矮林。但是，总体而言，这种矮林寿命较短。

根据吴中伦团队研究，甘肃小陇山多代萌生的锐齿栎林速生期大多出现在6～9年，每公顷萌条可达7万株左右。6～10年内出现幼林郁闭后的第一次稀疏，死亡株数占郁闭时的66%。到第10年时，构成较为明显的复层林冠，经强烈稀疏后林分进入稳定阶段。至20年，下层的小径木出现第二次枯死，稀疏量约为上次的1/3，形成较为明显的单层林冠。25年后，林分进入正常的上层缓慢稀疏过程。有一些研究这一演化动态的学者认为由灌丛到达相对稳定的矮林阶段，大致都是这样的过程。

也有萌生树和实生树共生的情况，这时就会形成中林。中林里面的实生树寿命较长，萌生树成为其亚林层。此种情况下，先是萌生林生长，实生树被压在林下，生长到一定阶段后，或者在特殊情况下（如林窗），实生树能够长出萌生林层，最后形成高矮两个林层。

以上矮林、中林和乔林三种情况，都属于天然次生林。从总体来讲，以上各类天然林，特别是在农牧地区，面积上占多数。我国由于历史悠久，人口众多，各地的森林经反复砍伐，形成的次生林已经非常残破了。其中大多数还可以扶正，走向近自然发育道路，但有一些，则需要清理重来（人工重造）。

从图1-24～图1-35可以看出，天然次生林都是一些有缺陷的生态系统，它们的各种缺陷都需要修补。

图1-24　黑龙江的天然次生林：稀疏，老化，实生树木很少

图1-25　陕西安康的天然次生林：稠密

天然林的分类 | 第一部分

图1-26　重庆丰都的天然次生林：稠密

图1-27　河北滦平的天然次生林：萌生

图1-28　河北丰宁的天然次生林：萌生

图1-29　河北围场的天然次生林：稠密，萌生

图1-30 河北围场的天然次生林：萌生，老化

图1-31 山西交口的天然次生林：萌生，老化

图1-32 广西的天然次生林：萌生，稠密

图1-33 北京的天然次生林：稠密，萌生

图1-34 南方的天然次生林：稠密，萌生

图1-35 广东河源的天然次生林：稠密，萌生

总之，我们将天然林区分为原始林、近原始林、一般天然林和天然次生林四个类型。虽然后三者都是次生林，但从经营角度讲，前三者基本无需经营，但天然次生林一定要经营。这一经营，原则上讲，就是帮助次生林生态系统的自我修复，让其往可以自行演替的道路上发展，逐步恢复其原真性，并在这个过程中生产一些产品。

本书主要讲的是天然次生林的经营问题。

Part 2

第二部分
天然次生林经营的基础理论

一　天然次生林的四个发育阶段

天然次生林发育，分为四个阶段：

建群阶段：相当于侵占土壤和萌芽阶段，以及幼树通过植物竞争形成绝对优势林分的阶段。建群阶段结束于其林分获得更新能力的时期，其高度在某些情况下是2.0~2.5m。在此阶段，就是一个下种、育成的林层，达到一定的径级。

质量阶段：在一定条件下，这是一个圆木形成和自然修枝的阶段。它结束于其自然整枝达到一个理想的高度，大约为最终树高的25%，依树种及生境不同，这相当于6~9m。可进一步分为质量竞争阶段和质量选择阶段。

扩张阶段：相当于树木直径快速生长阶段，也叫径级阶段。某些树木侧枝扩张，主干迅速生长。这个阶段结束于其树冠侧枝生长的结束。

成熟阶段：这个阶段延伸到立木成熟，该阶段的目标有两个：部分树木的生长结束，形成更新潜力，以便在或长或短的时期内达到林分的自然更新。

林业工作者可以借助树木生长的自然过程，以低成本达到高质量。这就是Louis Parade箴言：模仿自然，促进发育（Imiter la natue et hâter son oeuvre）。

二　高斯曲线

高斯（Gauss）曲线是一种标准概率分布法则。

一个活的林分的基本特点取决于它的分布类型。如下例：在一个均质条件下（所有树木都是在同一生长条件下），单一树种，同一年龄，有多个曲线。它们相当于同一立地条件下同一林分不同生长阶段（年龄）的径级分布（树木杆材阶段：平均胸径15~20cm；幼龄乔林阶段：树木平均胸径30~35cm；成熟乔林阶段：树木平均胸径40~45cm；老龄乔林阶段：树木平均胸径60~65cm）。

这些曲线反映着林分径级随着年龄的平均生长；与树木之间因竞争引起的枯死造成的林分密度降低；以及径级差异幅度（方差的提高）。

一种相对均质的结构，就是一种近高斯曲线。树木老化并死亡，它周边的树木就会成为死亡树木林窗的下种树。这样的话，林分结构就变得非常异质。我们就得到了很多天然更新的树木。那么很快林分就接近一个完美曲线。林分逐渐趋向最初的均质化，而这是一种理想的结构。见图2-1、图2-2。

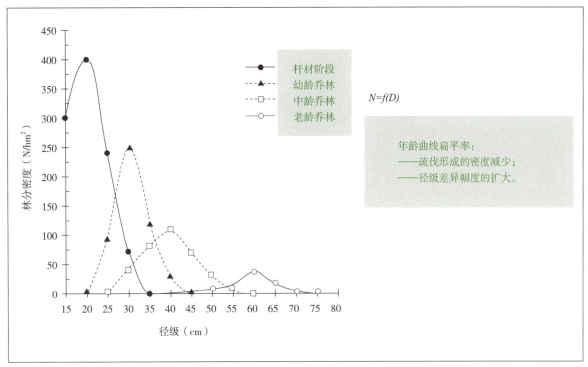

图2-1　整齐乔林主要发育阶段的代表性曲线

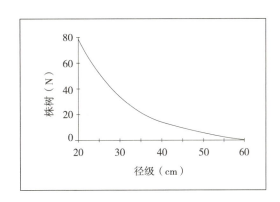

图2-2　异龄混交林的代表性曲线（近高斯曲线）

事实上，如果我们关注这个尺度的林班，那么每次就会发现有规律的结构，这些结构来自于一些枯死木倒伏形成的林窗，在林窗里因竞争而出现天然更新层，也就是在这个尺度上，林分多多少少都是一致的（同龄）。

反之，也极有可能出现这种情况：树种组成并非单一。因而造成混合林分，每一林分有一个树种。一开始，这些不同的、但年龄相同的林分的径生长都非常一致，因而总曲线非常接近Gauss曲线。但是等到林分老化时，每一个树种，依其耐阴性不同，也就是面对竞争的反应，就会出现林分密度的差异，平均生长的差异以及径级分布的异质性。

这样，这一林分的合成式曲线，就会偏离Gauss曲线（一个群体的特征），就是这里所说的近Gauss曲线（courbe proche de celle de Gauss）。见图2-3。

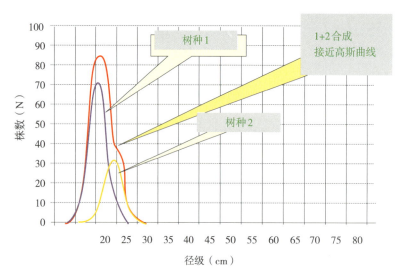

图2-3　森林的近Gauss曲线

三　一个核心经营概念——目标树

为了方便表述，这里我们首先交代一个概念——目标树。目标树的概念，总领以下矮林、中林和乔林，乃至于人工林的转变过程，是一个提纲挈领的概念。因为，我们的目标是要把各种次生林转变成异龄混交林，而走向异龄混交林的总途径或者说是总方向，就是以目标树为经营框架的林分转变。

1　什么是目标树

所谓目标树，就是在林分中表型较好的实生树木。在众多的树木中，我们选出来予以保留并长期培育。必要时，非实生树木也可以选为目标树。

目标树的选择，一般是要在林分实现建群阶段，树木达到细杆材或杆材阶段时选择。

2　如何选择目标树

从保留树到目标树：处于细杆材和杆材阶段的林分，可以较多地选择保留树；在随后的多次疏伐中，再从这些保留树中选择目标树；有条件的林分，也可以直接选择目标树（图2-4）。

目标树的选择条件是：

★要等到杆材（至少是细杆材）长成再来选择；

★不追求目标树成行排列；

★目标树间距是：目标胸径×20；

★ 均匀分布，个别情况下可两三株挤靠在一起，但应外围树冠舒展；

★ 干形通直，枝丫较少；

★ 尽可能规避萌生起源的树木；

★ 树冠相对圆满。

自然保护区里的森林资源也需要经营。这种目标树体系的功能是长期支撑起保护区森林生态系统的框架，但是选择标准是为了生态支护。这种目标树叫"生态目标树"，在此不予论述了。

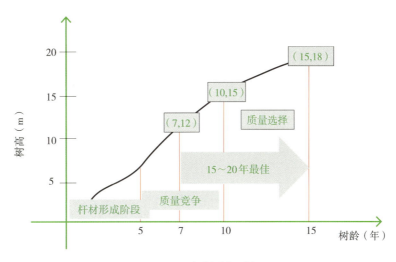

图2-4 目标树选择时机

关于目标树选留的密度，德国弗莱堡大学的Heinrich Spiecker教授，给出过一个确定目标树间距的公式。如下：

每公顷所选目标树的最大量，以及目标树之间的平均距离计算公式是：

$$d = 2 \times \sqrt{\frac{F \times \sqrt{3}}{6}}$$

式中：d为目标树之间的距离；F为每棵目标树所占的面积。

每株树所占面积如右上图所示，假设六边形的面积$\frac{d^2\sqrt{3}}{2}$，由此可以算出d：

$F=10000m^2$/目标树株数n（目标树株数n=成熟林的每公顷胸高断面积/单株树的胸高断面积）

注：成熟林分最终收获的每公顷的胸高断面积基本为：松树33m^2，落叶松29m^2，栎类25m^2。

每公顷所选目标树的株数以及目标树间距计算公式为：$d=d_{1.3} \times 20$。

式中：d为目标树间距；F为每棵目标树生长所占土地面积，假定覆盖率为70%。

举例：目标树胸径=70cm；年径增量=2.0mm；每公顷80棵树。假如确定栎类培育的目标胸径为60～70cm，那么具体计算结果见表2-1、表2-2。

表2-1 目标树的数量及相邻目标树之间的距离

胸径（cm）	目标树的数量（株/hm²）			相邻目标树之间的距离（m）		
	松树	落叶松	栎类	松树	落叶松	栎类
40	260	230	200	6.6	7.0	7.6
50	170	150	130	8.2	8.7	9.4
60	120	100	90	9.8	10.7	11.3
70	85	75	65	11.7	12.4	13.3

表2-2 选择目标树的排除标准

缺陷	描述	风险	建议
树木欠缺活力	质量阶段后，树冠的高度低于树木总高度的1/3及以前的1/2，树冠的下部相当于头3个活枝的平均数；冠窄	未来有销售困难	质量形成阶段后，树冠长度应达到40%
枝丫	未来杆材上有枝丫	未来有销售困难	树形发育过早可以纠正缺陷
	未来树形分叉	木材腐败因素的进入点或因风或采伐时有断裂危险	尽早形成树形可以规避缺陷在质量形成阶段形成树形
未来主干上的枝丫	5cm径级以上的枝丫	质量形成阶段难以销售	树形发育过早可以纠正缺陷
		质量损失	
	5cm以下的枝丫	木材质量损失	质量形成阶段形成树形
丛生枝	头4m主干上15个以上	销售困难	
弯曲	头5m主干弯曲10cm以上	销售困难	
倾斜	倾斜11°以上	销售困难	
伤口	未愈合伤口	销售困难	
	第二段原木	销售困难	
	出现在未来主干上	销售困难	
溃疡病		有断裂的危险	
	出现在第二段原木或者主枝上	更新时有扩散的危险	

3 目标树作业体系有三大优势

①只要建立起目标树作业体系，就建立起了森林可持续经营的框架，森林生态系统就具备了长期稳定的基础；

②目标树体系借用的是自然力，人工投入低、自然增值大，符合低碳经营的要求；

③目标树培育既可满足对优质中大径材的需要，又可通过疏伐非目标树获得中间收益。

具体见图2-5～图2-11。

天然次生林经营的基础理论 | 第二部分

图2-5 一株蒙古栎目标树，主干通直，无丛生枝，周边是几株遮阴树。这样的结构，是选择目标树的典范

图2-6 这几株树都表现不错，可选其中两株作为目标树

图2-7 中间一株大树是目标树，其余都是其伴生树

（图片：何友均）

图2-8 这是一株偏冠的青冈，这株树的主干通直，无节疤，但是树冠受右边一株树的挤压，形成了偏冠，不宜选为目标树

027

图2-9 由矮林或中林经近自然转变而来的优质乔林。其中无用资源很少，林地生产力很高，每年每公顷立木生长量约6m³

图2-10 矮林—中林—乔林，从幼龄到更新阶段的经营全过程（图片：Yves Ehrhart）

图2-11 目标树作业体系

四 矮林

1 矮林的概念

矮林就是萌生林。它是由树木被砍伐或者火灾后萌生的植株形成的。在青藏高原，很多高山栎，也会由于冬芽受到抑制而形成矮林。从根桩上萌生出来的叫萌条；从根桩周边粗根上萌生的，叫根蘖；从远端根系上萌生的，叫串根苗。见图2-12。

天然次生林经营的基础理论 | 第二部分

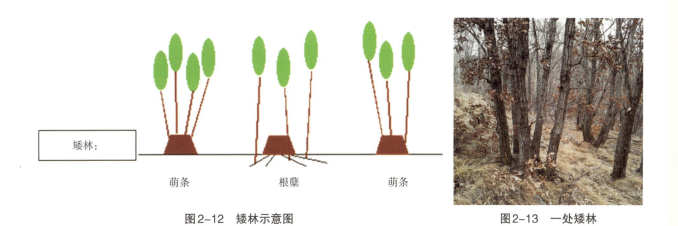

图2-12 矮林示意图　　　　　　　图2-13 一处矮林

图2-13～图2-15是矮林，它们都是在老树桩上萌生出来的。

图2-14 矮林

029

图2-15 川西高山栎矮林

2 矮林的特征

（1）生长先快后慢

由于萌生树都是从原有树桩上萌发出来的，老树桩可以直接为这些萌生的树提供营养和水分。因此它们初始生长速度很快，但是生长速度会急促下降（图2-16）。

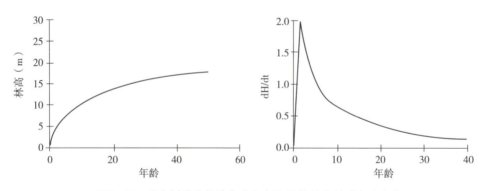

图2-16 实生树的生长动态（左）和矮林的生长动态（右）

（2）萌生部位不同，树木质量不同

萌生在树桩上的植株，会因树桩腐烂而影响其稳定性，乃至于本身也提前死亡。萌生于周边粗根部的植株，则可以较好生长。在远端根上萌生的植株，接近于实生树木。事实上，有很多树木是远端根系上长出来的，它们到一定时候，根系断裂，就成为独立的植株，例如刺槐、毛白杨等。我们把此类树木视同为乔林。见图2-17、图2-18。

（3）矮林年龄不同于树木年龄

如果一棵萌生树，根桩年龄为100岁，那么1年生的萌生树的年龄虽然同样是1岁，但是实际上已

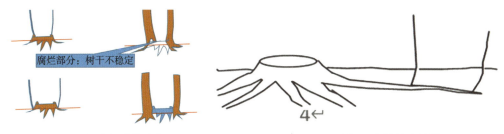

图2-17　各种根桩萌生部位　　　　图2-18　远端根系上的萌生植株

经携带了老根遗传信息，生命特征表现为100+1岁。矮林年龄=根桩年龄+树木年龄。因此，萌生树容易老化。

不仅如此，从一株树上砍下来的枝条，同样也带有母株的年龄信息。我国有很多这类树木，特别是杨、柳树，栽植十几年就老化甚至死亡了，就是这个原因。

串根矮林，鉴于其所携带的母体年龄很小，可以视为乔林。山杨和白桦多有此类特性。

3　矮林的缺陷

有一些特用矮林，如实施矮林作业的薪炭林、柞蚕林、柳条林等。我们排除这些情况，这里论述的是需要转变为优质乔林的天然矮林。矮林有很多缺陷：①矮林虽然头几年表现速生，但随后就进入衰退期；②矮林林木一般很密，树冠不能发育；③矮林老龄后甚至会失去有性繁殖能力；④矮林的主干通常下段弯曲，山地林尤甚，难以培育优质用材；⑤矮林主干低矮，只能做实生树的下林层；⑥矮林的生命周期较短，不利于森林生态系统的长期稳定；⑦森林萌生化的长期危害是导致优良树种减少，遗传品质退化；⑧矮林是带来我国天然林资源低质量的主要根源。

4　矮林的分类

矮林进一步区分为：

单纯矮林（taillis simple），其概念有两个含义：一是树木起源的概念，即平茬后基于伐根形成的林分；二是作业法的概念，即定期平茬、萌芽更新作业法。

择伐矮林（taillis furete），也有两个涵义：指林分类型，即由多年生伐根萌芽和萌蘖组成的林分；指作业法，即只收获较粗萌生杆材的部分定期平茬的作业法。这两个概念，一是表明起源，一是表明作业法。

矮林又有幼龄矮林、中龄矮林和老龄矮林之分。如果一株幼年阔叶树，贴地面砍伐后，它会萌发出一丛新条（图2-19～图2-21）。它们长大后基干会呈现弯曲。如果萌生树年龄比较老，主干基部会有一个像倒扣锅的基座，或一个1～2m长的弯曲基干（图2-22）。识别一棵树是萌生的还是实生的，主要是看基部有无伐桩。很多萌生树的伐桩都很明显。

矮林，有幼龄林、中龄林和老龄林等不同阶段，经营方法不同

幼龄矮林
中龄矮林
老龄矮林

图2-19 幼龄矮林—中林矮林—老龄矮林

图2-20 矮林

图2-21 幼龄矮林　　　　　　　　　图2-22 主干基部粗大

矮林的前期速生特性如果用于培育薪炭材或削片材，短期内就砍伐了，那么就是利用了其速生期，算是好事。但是，作为生态经济效益兼具的多功能森林，追求的是长周期，就要规避这种起源。

矮林的树木因为是从伐桩上萌生出来的，它的生物学特性与实生树不一样，参见图2-23。

我国的森林调查，一向不调查树木实生、萌生起源这项指标，总是把它们视为和实生树木一样

图2-23 萌生树的老龄伐桩

的树木。这就导致森林经营掩藏着一个漏洞——相同的树种可能因为起源不同而导致经营间存在差异。

我国的矮林中，有很多百年老树桩，那些萌生树都是从这些树桩上生长出来的。这样的萌生树：第一，生长活力打了极大的折扣，立木生长势已经弱化了；第二，萌生树本身具有生长衰退的生理现象，这个生理特点叠加在第一个生理特点之上，因此衰退更为严重，因此这样的林分没有前途；第三，过于老化的矮林，本身丧失了有性更新能力，种子质量很差，甚至不发芽（图2-24），依靠自然下种更新，是不可能的；第四，这样的林分的各种生态功能，必定很差。

图2-24 山西老龄辽东栎矮林（右）及其已失去发芽能力的种子（左）

在吉林敦化，人们管这种老龄萌生林叫"老龄矮林"，定性十分准确。人们对栎类老龄矮林有一个正确的认识，并采取了正确的经营措施，那就是引进针叶树，逐步替代栎类矮林。因为这个时候的萌生老龄矮林，已经失去了活力，砍除之后基本不再萌生。这可能是由于王战等老一代林学家曾在那一带工作过有关，王战是了解次生林的。

5 矮林的转变

矮林的近自然经营，原则是尽可能不清除原有林木，重新整地造林。在有种源的情况下通过不同强度的疏伐，促使土壤种子发芽，种子来源于矮林下种。根据现有植被的活力及立地条件，疏伐的方

式很多。个别时候也靠人工补植（不绝对地排除小面积皆伐重造）。转变的过程兼顾小径材生产，最终把林分转变成以优质树种建群的异龄混交乔林。

具体方法是，如果矮林处于杆材未长成之前的萌发阶段，就是建群阶段或者灌丛阶段，抚育工作主要是清理杂灌、消除对目的树种的影响等，对过密的萌条、萌蘖适当疏伐，但注意保留较高密度，以借助竞争形成通直主干。对于杆材阶段已经达到的，逐步疏伐，为那些保留树的树冠发育留出空间，这时还不到最终选定目标树的时候，但下一步选择目标树就是从这些保留树里选。

对于过密的矮林，也可以采取条、带状砍除，让地面见光，土壤种子发芽（类似于带状皆伐）。也可以每隔一个相当于目标树间距的距离（7～10m），开个林窗，在林窗下直播种子（相当于林窗造林）或者等待土壤种子发芽。

总之，一是透光伐和轻度疏伐，让留下来的植株继续生长，同时在稀疏处补种（可以栽植针叶树以形成混交）；二是每隔7～8m，清理出一条2m宽的无林带，在带内补种，并抚育幼苗帮助其生长；三是均匀地开出一些林窗，每个间隔7～10m，补播、栽植实生木，同时对周边灌木进行折灌。

对于过老伐桩上的矮林（有的伐桩已经几百年了，已部分腐朽），直接在林隙补植，等到这些树木基本长到杆材阶段时，再逐步清除老树。

所有的转变经营，在有种源的前提下要优先考虑天然更新，当天然更新条件不具备或更新树种不是目的树种时可以采用人工补植。

转变的目标就是引进实生树，逐步挤掉萌生树，转变为乔林，在这个过程中，结合物料生产或小径材生产。这种经营模式可以满足短期木材需求。

立地条件较好的矮林的幼龄林或中龄林，如果还有一定的继续培育价值，则可选育出一些表现较好的萌生树木，按照实生树的办法予以抚育，同时也可增强生态功能。

矮林的近自然经营原则，是以原有植被为基础。但仍有一些不同的做法：例如除了保留木，其余全部清除；再是逐步为保留木释放空间并保留它们的伴生树。前一种做法是错误的，这会造成保留木倒伏、杂草疯长、风害、冻害等各种后果（图2-25）。极其重要的是，第一要优选乡土高价值树种作为保留木，再是保留伴生木。

矮林的一般转变流程如图2-26～图2-32（Michel Hubert，1983）。

图2-25 错误的矮林疏伐方法：过多地伐掉树木

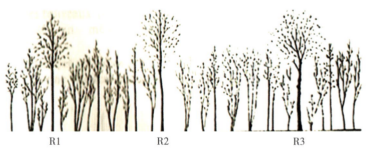

图2-26 矮林的保留树转变法

R1，R2：主干通直、树种理想的萌生树，予以保留；
R3，霸王树或缺陷树，伐除；其他下层林木和灌木层留存无害，予以保留。

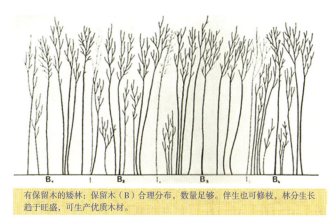
图2-27 如何选择保留树

图2-28 保留树、辅助树和采伐树的关系

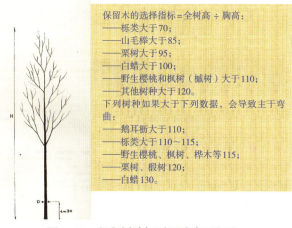
图2-29 保留树选择时要注意干径比

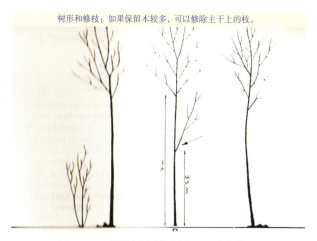
图2-30 保留树和辅助树必要时也修枝

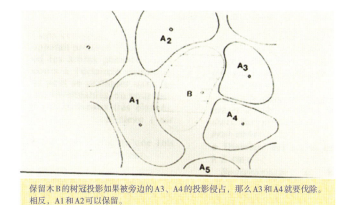
图2-31 也可用树冠投影法选择保留树

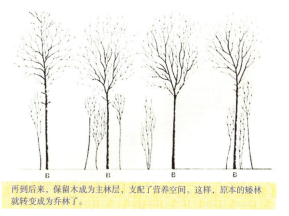
图2-32 矮林的近自然转变已经完成

等到保留树成为主林层，矮林就转变成乔林了。这个过程，一直伴随着小径材的生产（图2-32）。矮林的转变的整个过程，如图2-33所示。下面通过查看一些实际情况，进一步理解原理和方法。

未长高之前的灌丛矮林（图2-34），主要是清理绞杀植物、萌条过多的萌生树丛等。为减少先锋树种的竞争，没有必要清理重造。

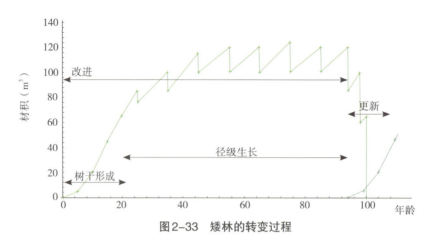

图2-33 矮林的转变过程

图2-34 灌丛阶段的矮林

幼龄矮林,一是疏伐萌条,留两三根干形好的继续生长,在稀疏处补植实生树(图2-35)。二是每隔6~8m,清理出一条2m宽的无林带,在带内补种、补植。三是均匀地开出一些林窗,每个间隔7~10m,补种或栽植实生苗木。如图2-36,废弃的柞蚕矮林,没有培育前景,尽早补种实生苗。

图2-35 这种疏伐萌条的办法不理想

图2-36 柞蚕矮林,宜补种

对于已经达到杆材阶段的矮林,保留主干较直的树木作为保留树,对干扰树逐步疏伐,同时促进实生苗的出现(图2-37、图2-38)。

图2-37 已达杆材阶段

图2-38 选择保留木进行疏伐引进实生树

老龄矮林(图2-39、图2-40)。在林内补种、补植实生树,实生树生长起来后,逐步伐掉老龄萌生树。注意在采伐上层木的时候要控制郁闭度大小,目的是压制杂草。

图2-39 栎类老龄矮林

图2-40 老龄栎龄林内补植针叶树

图2-41是老龄、退化矮林,已经失去了天然实生更新的能力,可采取开林窗补种、补植的办法。图2-42是转变完成阶段的林形。

图2-41 老龄矮林

图2-42 应把矮林和中林变成这样的林分结构（异龄复层）

6 矮林过了最佳经营期如何弥补

如图2-43，是重庆丰都的青冈萌生林，林龄20～30年，农民未做任何管理。在全国很多地方，都有大量的这种萌生栎类。

图2-43 栎类林分过密而未及时疏伐，部分立木已经倒伏

现在我们来分析一下这类林分的问题。如图2-43，自然整枝完成得非常好，冠幅以下，没有枝丫的主干较高。但树的干径比大于100（栎类的干径比应在70～100之间），主干细长，冠幅很小，有的树已经弯曲，无法再长直。从这块林分的发展来看，还应该采取一些补救措施，可以看出自然整枝的阶段仍旧在进行，但是需要尽快疏伐，发育树冠，促进径级生长，防止它的干径比扩大。

由于可选的目标树已经不多了，应把精力放到所选择的目标树上，对它进行经营，其他没有价值的，可以不去管它。对那些符合目标树最低标准的树，也可以降低标准，选进来。对于矮林，可选一些较好的萌生树继续培育，其他的萌生树可用作短伐期的小径材类培育。

中国大部分的次生林资源，几乎兼备了本文前面提到过的几个基本缺点，就是多为细杆材，大部分树木没有树冠，多为老桩萌生等。对于这些资源，超过40年生的，已经丧失了最佳经营期，已不可能把它们塑造成优质林分，但可以有限度地改进质量，适时进行优质适生树的二次建群。

7 什么情况下可以经营矮林

矮林作为一种作业法，在我国的应用还是较多的，例如柳树矮林、刺槐矮林、栎类柞蚕矮林。矮林作业具有以下好处：经营简单，投资极少，周期性收益，生物质的产量较大（但是每木的材积很小）。

矮林在什么情况下可以保留？当地方薪炭材销路很好时；当不具备转化条件时；当具有某些特殊理由时［生态、狩猎、景观、各种防护（如水土保持、防火等）］或造林改造前的临时过渡，当生长较好有继续培育价值时。

保留矮林时应注意的事项：进行砍伐时尽量接近地表，这样可激励再生，便于萌条，避免伐桩衰退；应在树液停止流动时砍伐。

8 一个德国栎类矮林转变的例子

如图2-44所示，为32年生的橡树矮林。它原本是1951年造的实生林，1981年全部被雪灾破坏，后清理了林地，随后形成了这样的萌生林。

以此为例，我们看看德国是如何对待栎类矮林的。

在2008年，也就是矮林形成27年的时候，他们从中选取了保留树，并伐去干扰树。5年后的2013年，检查评估选取的这些保留树，并再次消除干扰树。

在移除干扰树的过程中，对不是迫切需要移除的，采取环切的方式（图2-45）。环切后的树木在2～3年内死亡，这样既节省了劳动力，还避免了一次性疏伐过多给林分造成风险，同时还有助于保护林下已有的更新。

这就是说，如果萌生的栎类幼树表现较好，并且根桩不是太老，还是可以视为实生树加以留选，作为目标树继续培育。法国也是这样。木兰也有优质矮林的均质经营。

图2-44 栎类实生林雪灾后形成的矮林（图片：胡雪凡）

图2-45 对较大的干扰树进行环切（图片：胡雪凡）

9 杉木矮林的研究

在针叶树中,已知我国只有杉木具有萌生能力。这一萌生能力已在生产中得到应用。在南方,有一些地方,就是利用杉木的萌生能力培养二代林。

对于杉木的萌生能力,盛炜彤(1986)做了研究,研究认为:杉木的伐桩年龄与萌芽力有关。伐桩年龄越大,萌芽力越低;通过研究伐桩粗度与萌芽力的关系,发现伐桩直径在15~45cm之间,萌芽力最强;还研究了杉木萌条与实生林的生长比较,结论是20年左右时,实生林的材积生长量已经赶上萌芽林。

但是据我们所知,杉木的伐桩萌芽力利用没有前途,一般情况下,都是整地重造杉木林。我们参观了福建省二三十年前的杉木萌芽林,二代林已经比较稀疏,不整齐,三代林就基本不能成林了。

关于杉木萌芽林的研究,同样也说明了杉木矮林没有前途。

五 中林

1 中林的概念

中林的定义:中林是一种实生树木和萌生树木并存的林分类型,但林分主体是萌生树(图2-46、图2-47)。

德国的Gotta(曾任萨克森王国林业顾问,森林经理研究所主任)首先于1820年提出了"中林(Taillis sous futaie)"的概念,弥补了此前只有矮林和乔林的天然次生林分类。

图2-46 中林示意图

图2-47 一处中林

2 中林的特征

中林主要的特点是分层,中林的林层是由矮林和乔林组成。其中矮林的林龄一般较短,图2-48显示矮林层已经衰老死亡,而实生树木仍然活着。

图2-48 中林，其中萌生树已经死亡

图2-49，一处林冠不分层的林分是由无规则分布于林分垂直空间的冠层决定的，称作无规则郁闭。一处分林层的林分，表现为一个或多个林层是可以区别出来的，称为水平郁闭。

较之于矮林，中林的最大特点之一是其林层复杂。鉴于其林分结构的这一特点，中林的疏伐和保留木的选择，都别有规则。

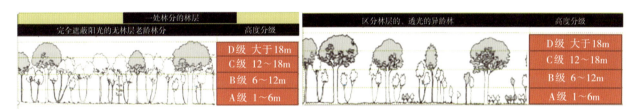

图2-49 中林的林层

中林的具体类型也极为复杂，可以说什么群落结构、什么林龄、什么树种都可能有。例如，某一区片为实生林分（多数情况是林窗内的天然更新形成的），某一区片为萌生林分，某一区片为其他树种或非目的树种，甚至是草地荒坡。

任何中林林分都不规则，因此也就没有统一的经营方案，但有一些经营原则。

为什么和怎样把它们转变为异龄林？一般的经营思路是：通过透光措施，促成实生幼苗出现；这些幼苗中的一部分要能够达到杆材阶段；其中一部分的高度要达到林冠层以上见到阳光；没有稳定的结构，有助于采取一系列的干预措施。

亚林层的管理：

亚林层动态（图2-50）：①林下现有更新，还是比较复杂的，而有些植株又都是在保持其细枝的同时倾向于阳光。因为亚林层会很快郁闭，所以它们冒着衰退或者变形的风险；②那些树冠已停止扩张的成熟立木身上，如果下部主枝未被遮阴，它们就会继续活着，并且继续对主干径生长做出贡献；③那些处于目标树树冠内部的植株，没有主枝上的细枝被遮阴，就是无妨的，只是当它们开始达到目标树树冠周边时就应当去除；④当亚林层达到高层树木冠层的周边时，部分主枝就会往旁边生长；⑤低矮的主枝不能够往上伸展时就会死亡；⑥在目标树上，主枝超出光的竞争时，就会由于重力作用呈水平生长，而这样就会引起目标树的树冠冠幅的迅速扩大；⑦那些围着目标树主干的，尚未达到目标树冠层周边的亚林层树木应予以保留；⑧亚林层的那些灌丛阶段以及最小树木，通过对高层树木的疏伐，可以照到阳光，因此其生存及恢复生长保障着亚林层及其林冠层的持续更新。

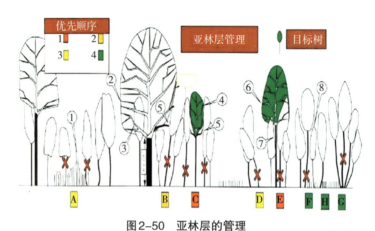

图2-50 亚林层的管理

抚育措施：

①如果要拯救更新应当去除那些压制亚林层的植株，作为林冠，其郁闭很快，应当使其有规则地郁闭；②应当去除那些其叶子接触中大径目标树主干枝叶的亚林层植株；③正在形成之中的目标树的干材，应当去除亚林层的包围，以便目标树的主干枝能够伸展；④那些压着实生苗和将要植树地方的亚林层，都需在其影响目标树之前去掉；⑤如果一株生长在目标树树冠之中的亚林层树木，如果其主干枝叶影响到目标树主干枝叶生长，就应当去除；⑥亚林层，应当通过去除其最大和最高植株予以疏伐，这样可以通过控制光线到达地面重新启动其生长；⑦那些并非实生目标树的矮林树木，可以通过消除较大枝丫的办法予以疏开，这可以精准地掌控光线到达地面，以便永远去除灌丛；⑧这样还可以逐渐地带来光线，在没有杂草竞争的情况下使得种子发芽。

下面是成熟阔叶林分的亚林层管理（图2-51）。

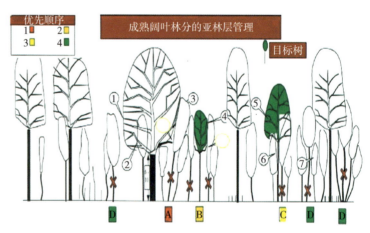

图2-51 成熟阔叶林分的亚林层管理

亚林层动态：①在那些树冠停止扩张的成熟树木上，如果其下部主枝未被遮阴，它们就会活着，并且对于干材径级做出贡献；②对于那些生长在目标树树冠内部而又并不对于目标树的主干枝叶造成遮阴的植株，就不必疏伐，只有当它们妨碍目标树主干枝叶生长时，才予以去除；③当亚林层的树木枝丫达到目标树的树冠附近时，某些枝叶向高处和外部伸展，代替水平生长；④下部主干枝叶，当不能够把细枝向上伸展时就会死亡；⑤在目标树上，主干枝叶完全排除了光的竞争，由于重力作用开始水平生长，这时就开始了强烈的竞争；⑥亚林层的植株，它们围绕着的目标树的主干但还没有达到冠层，这时就应保留；⑦那些更小的亚林层植株，应当通过高层疏伐透光，这样，它们的继续生存和生长就保障了亚林层的持续更新，从而也就保障了地面覆盖。

抚育措施：

①应当去除那些其枝丫接触了优质中大径材的亚林层植株；②对于那些干材正在形成之中的目标树，应当去除所有围绕它的植株，以便使得目标树能够伸展主枝；③如果一株亚林层的植株生长在目标树树冠之内部，并且其枝叶影响着目标树的细枝生长，那么就应当去除；④对于亚林层，此时去除最高和最大的植株；这时可以控制光线到达地面，而让较小的植株生长，以形成亚林层，借以保障地面清洁，直至新的实生苗出现；此外，霸王树妨碍着目标树上半部的生长，因此干预是必须的，干预只涉及影响这株目标树的霸王树，见图2-52。

有时还需要折枝。折枝通常在六月半至八月半进行，当杂灌粗度3~4cm时，可以用手折断，等到5cm时就要借助锯子（图2-53）。

有时还需要环割。环割可以降低干扰树的活力（2~6年），并且可以使得目标树树冠的上部逐渐见到阳光。环割可以常年进行（图2-54）。

在耐阴树种的林层下，亚林层一般很少，甚至没有。

目标树干材能够保障林分更新，特别是很多时。

图2-52 霸王树的处置

图2-53 折枝

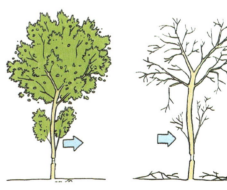

图2-54 环割

3　中林的转变

疏伐，在上下两个林层进行。矮林层中标记保留木并砍伐矮林；在保留木中，疏伐并收获成熟木，通过部分保留木促进林分更新。

如果新增树木足够，那么森林生态系统的运转就会正常。

如果中林里的两个地段，一个全是萌生的，另一个全是实生的，这种情况分别按照矮林转变和乔林经营对待。

对于稀疏及无林地段，则通过自然力或人工促进培植新植被；对于无明显萌生和实生区分的混生地段，属于一个林班内部的情况，更为复杂。

中林区片内如果目的树种不多甚至基本没有，则应注意引进目的树种，或借助采伐成熟木的机会更换树种。对于草坡荒地则加以封护，等待自然成林或人工栽植。对已达到杆材阶段的林分，选择保留树或直接选择目标树，稀疏地段人工促进天然更新。伐除严重干扰树，其他的尽量不扰动。

一处理想的萌生—实生树木共存的中林，应具有这些特点：保留木和萌生树都比较丰富。砍伐前实生树与萌生树地面投影面积比为2/3，砍伐后地面投影面积比为1/3。

中林类型通常为老龄树居多。把它们转变为近自然异龄林，经营思路是：通过透光伐，促成实生幼苗出现；要使这些幼苗中的一部分能够生长到杆材阶段；要使这些达到杆材阶段的实生树中的一部分的高度达到林冠层以上，见到阳光。

有助于树木更新的阳光主要由林层决定的，参见图2-55。

图2-55　透光后林班内的天然更新，这些实生苗承载着中林的希望

中林林分的发育通常表现为几个连续的阶段,首先是中大径树木占优势,继而是大树无规则地占优势,最后是砍伐以后中径树木占优势。经营时也没有必要遵循一个径级分布比例,而是要始终把注意力放在足够的实生幼树的产生上。

对实生树或异龄林的砍伐目的是收获成熟立木,帮助目的树种径级生长(有时要伐掉影响其生长的低质树种),逐步消除病弱木或有害树木。伐出的立木材积应为10%~20%。这一比例适合于立木蓄积的轮伐,有助于逐步实现有利的立木蓄积(每公顷80~120m³)。

轮伐:根据土壤情况,每8~12年伐一次。每一次的伐点都要有利于树冠拓展。树冠空间会自然地趋向模糊,引起林分的水平郁闭。经常进行砍伐,可以使阳光投射到地面。

伴随作业:在过滤的阳光下,只有最具活力的实生苗可以存活,而且它们在同一受限性生境时,天然地就具备了自己的特性,而且还有利于达到杆材阶段和自然疏枝。此外,幼树会变得健壮,可以减少针对目标树的抚育活动。还有其他几项伴随作业,如单独保护特殊植株,去除绞杀植物,必要时人工补植。这有利于局部地补充更新,或改善树种多样性,还会改善林层。

以上各点,参见图2-56、图2-57,该示意图综合体现了同一处萌生—实生树木混生的中林的抚育措施。

另外,这样的每一次的少量砍伐,也有利于为每一棵优质立木寻找到获取最佳收益的机会。

图2-56 天然次生林近自然转变

图2-57 中林的林层级采伐

如图2-58所示是一处中林,主林层的林木已经20余年生,它们可能是萌生的,也可能是实生的。不过,大多数都没有长期保留的价值,但短期内,有它们存在就可以起到压制杂草、提供种源、保护生物多样性以及保持水土等生态作用,因此这些大树在一定阶段是不可缺少的。只是这样的中林质量较差,所以我们要将其逐步转变为优质乔林。如图2-59的做法是保留全部大树,清除全部下层林木,甚至在稀疏地段人工补植苗木。有时候补植是没有必要的,只要保留大树,砍除霸王树及低劣的树木,给下林层中的高价值实生小树周边折灌,过一二十年再逐步砍除上层林木,让下层高价值实生幼树成长起来。那么,这片低质林分就会转变为优质的近自然异龄混交林乔林。

图2-58 一处近自然转变的中林（保留上层林木，促进实生幼树层出现）

图2-59 林内情况：立木稀疏后，阳光投射到地面，新苗即可长出

下面的图，表明了中林的一些转变措施。如图2-60所示，这是一处比较稀疏的中林，正在等待天然充实新树。如图2-61所示是在这种稀疏地段已经出现的幼树，数量足够，干形挺拔，均为优质目的树种。这片低质中林的前景相当好，而且经营的成本很低，主要是借用了自然力。

图2-60 一处中林的稀疏地段

图2-61 稀疏地段出现天然更新层

图2-62代表了最为一般化的中林抚育措施——疏伐。应该说这是一种综合疏伐，各种目的的疏伐都包括了。疏伐后，林分里的实生树木、部分补充缺位的实生树木、表现较好的萌生树和伴生防护树等，都做了合理的保留，去除了各种干扰树。低质中林林分得到了很大的改善。

图2-63是一处综合疏伐的中林林分，但疏伐有些过度，没有保留伴生树。好在保留树都不很细、很高，一时间不至于遭遇灾害。疏开以后的这处林分，相信很快就会天然地出现更新层。好处就是有一些大树可以下种。一个问题是，在清理下面的林层时不分青红皂白，一些原有的目的树种很可能一起被清理了。如果留下它们，这处林分的转变会更快。

图2-62 左侧为已疏伐，右侧为未疏伐

图2-63 清理后补植了针叶树

图2-64代表了我国较普遍存在的典型栎类中林。在这样的林分里，萌生树和实生树混杂，关键的抚育期内（早期的疏伐和较前时候的保留木选择）没有疏开林分，任何树木都没有树冠，部分树木还可能过细、过高。这样的林分完全转变为优质的乔林可能性不大，但做一些处理还是会产生积极的效果。主要是降低一些标准选择保留树，以此培育较低档次的立木，并在这个过程中不断生产小径材。林分的整体质量会得到改善，生态功能会更强大。

图2-65是一处老龄树木的林分，其经营办法主要更是更新、培育新一代林木。

图2-64 栎类中林，应选择保留树

图2-65 萌生树老化，引进实生树

盛炜彤（2016）强调了中林的复杂性。如甘肃小陇山林区的王安沟锐齿栎林，乔木层有50多种树种。盛炜彤（2016）描述的进展演替的次生林可能主要指草类槲栎林、胡枝子连翘槲栎林、落叶阔叶槲栎林。这类栎类次生林经营的前提是，要进一步根据立地条件、群落结构和乔木树种组成等划分林型。一般说来，此类栎类林立地条件较好，组成树种丰富，生产力高，生态功能强，立木蓄积的潜力可达到每公顷500m³以上。对其经营要确定不同类型的培育目标。成熟木只可以择伐，以保持林分复层异龄混交状态。图2-66、图2-67是哈尔滨市林场所做的中林抚育，效果非常好。

图2-66 哈尔滨中林抚育的效果（一）

图2-67 哈尔滨中林抚育的效果（二）

六 乔林

1 乔林的概念

乔林（futaie）是通过有性繁殖起源的林木构成的林分。有两个含义：一是起源于实生的，至少其中一部分达到乔木阶段的树木总体；发育阶段至少要超过杆材阶段，其龄阶为：灌丛林—细杆材林—杆材林—乔林；二是与中林培育中的保留树同义——在中林转变中，对萌生树平茬，全部保留实生树，就是保留乔林。

2 乔林的特征

乔林的演变过程如图2-68所示。

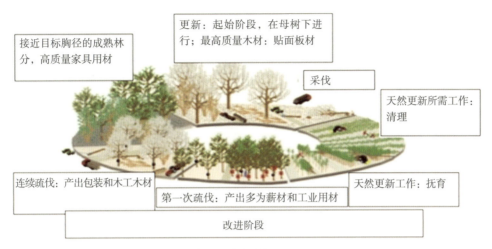

图 2-68　乔林的一般演变过程（Yves Ehrhart, 2018）

乔林可以生产哪些木材产品？参见图 2-69。

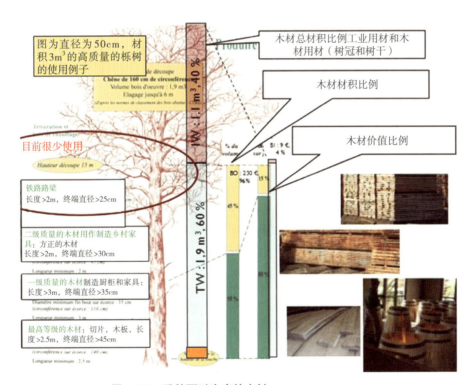

图 2-69　乔林可以生产的木材（Yves Ehrhart, 2018）

3　乔林的分类

乔林区分为整齐乔林（futaie régliere）（图 2-70、图 2-71）、不整齐乔林（futaie irrégliere）或称之为择伐乔林（futaie jardinée）（图 2-72、图 2-73）。择伐乔林是实行单株择伐的乔林，是在一个经营单元（林班或小班）内，立木年龄和径级各异，从幼苗到已达采伐年龄的都有。串根乔林，也可以认为是串根矮林（futaie sur souche），参见图 2-74。

图2-70 同龄乔林（整齐乔林）

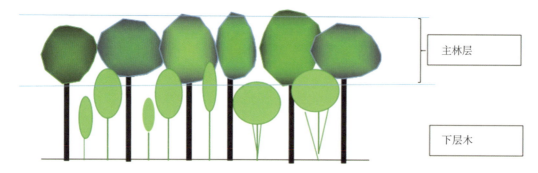

主林层

下层木

图2-71 具有下林层的乔林

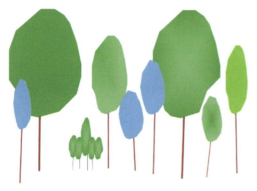

大树　幼苗　小树　中龄树　杆材阶段

图2-72 不整齐乔林（择伐乔林）

图2-73 不整齐乔林（异龄乔林）　　　图2-74 串根乔林（图为刺槐）

4 乔林的经营

需要经营的乔林有很多类型，主要是稀疏乔林、老龄乔林、失去天然更新能力的乔林、丧失目的树种的乔林、树种低劣的乔林、霸王树多的乔林、过密的乔林、树种单一的乔林和其他的一般乔林等等。

乔林经营主要考虑的问题是：①树种的培育价值是否高，现有树种当中是否可以选出足够的保留木或目标树；②如何开展抚育提升森林质量：疏伐、修枝等技术；③怎么把纯林引向混交林；④怎么把单层林引向复层林；⑤如何建立更新层；⑥如何做好森林保护，如病虫和灾害防治等。

凡经营会提升经济或生态效益的乔林都应加以经营。需要经营的乔林，也分幼龄林、中龄林、成熟林和过熟林。

如图2-75至图2-76所示的幼龄乔林该如何经营呢？主要是要逐步疏伐，伐除其中一些干形较差、过密、树冠太小和树种价值低的单株，为较好的一些树木的树冠发育拓展空间，以便若干年后从中选择目标树。

图2-75 常见的已达到细杆材阶段的幼龄乔林

图2-76 常见的已达到杆材阶段的幼龄乔林

乔林的整体的转变流程，如图2-77～图2-82所示。

图2-77　各林龄阶段的乔林

图2-78（左）这是一株偏冠的青冈，这株树的主干通直，无节疤，但是树冠受右边一株树的挤压，形成了偏冠，不宜选为目标树

图2-78（右）老龄栎类乔林，通过经营形成更新层。主要是疏伐光，促使种子萌芽

图2-79（左）一株蒙古栎目标树，主干通直，无丛生枝，周边是几株遮阴树。这样的结构，是选择目标树和保留树的典范

图2-79（右）通过转变获得的理想林型——近自然异龄混交乔林

图2-80　由矮林或中林经近自然转变而来的优质乔林。其中无益或有害资源很少，林地生产力很高

图2-81　栎类矮林、中林、乔林经营全过程

（图片：Yves Ehrhart）

图2-82　目标树作业体系

乔林的经营相对容易，因为它们起源于种子，幼化程度100%，可以长久地生长。但是也正是因为这个原因，实生树木之间的竞争也更加长久，所以及时抚育更为关键。

低质乔林的经营会遇到很多种情况，还区分幼龄、中龄、成过熟林等不同发育阶段，经营就是把它们从各自的起点，往近自然的优质异龄混交林转变。

以栎类幼龄乔林为例，幼树很细很密，互利的时间只有二十来年。此后，如果不及时疏伐，就走向互害模式了。这要么会导致林分整体衰退，要么部分树木逐渐死去。在这个情况下，很可能它们该枯死的不枯死，不该枯死的枯死了，即便剩下的也不会健全，主要是树冠发育都会被挤压，林分也会衰退。这种实生栎类乔林基础相当好，但若缺失抚育结果也相当坏。

我国的栎类乔林中，有一个很普遍的情况就是松栎混交。可从栎类中选择目标树，作为此类林的长期经营框架，以松类充实林分、培育木材，因为松树寿命短些、材质差些。考量两类树种的特性决定密度，尽量保留其他树种和下灌层，增加生物多样性。

乔林中的树木是通过自然分布或传输种子萌发生长的树木。幼苗需要较长的时间来建立根系和发展树干以及树冠，大部分能量和营养都用于这些方面，因此初始生长速度比较慢。先锋树种初始生长速度较快，后期生长急促减缓，生长周期较短。而耐阴树种刚开始生活在其阴影下生长速度较慢，等暴露于阳光后会在较长时间内保持快速的增长。

每种植物都根据自身情况发展了自己的种子或基因传播策略。我们经常可以在一片空旷的土地上看到树种的演替，一个树种出现一段时间后由于后期其他树种的竞争而消失。

先锋树种必须可以移动很远并且用实生苗快速占领一个区域，它们大多依靠风力传播将大量小而轻的种子传播数千公里。通常这些树种的初始生长速度很快，生命周期短，后期会被耐阴树种赶超和淘汰。稍微耐阴树种的传播略有不同。

七 森林经营与光的关系

1 森林更新需要阳光

对于更新的树木而言，幼苗期需要光照或者半阴的环境。图2-83为不同阳光下山毛榉（*Fagus sylvatica*）的表现。

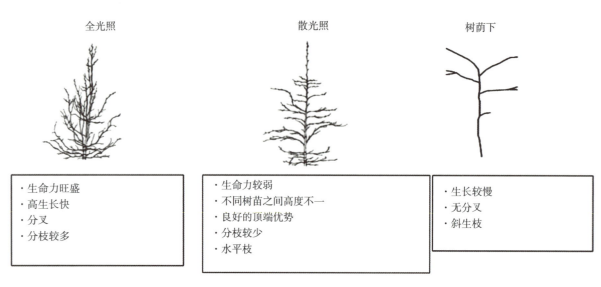

图2-83 森林经营与光的关系

林分经营的主要方式是调整光照和空间。

喜光树种和耐阴树种：喜光树种对于光的需求比较强，缺少了光，它可能就会死亡。耐阴树种可以在缺少光的条件下生存，但是在其生长的建群阶段需要一些光照。树荫会影响更新的能力及成功率。

树种单一林分中树木对光的需求都是相同的。树木的状态决定了光的竞争，优势树、亚优势木和被压木三种情况下光照是不一样的。生长快的树会淘汰它周围的树，林业工作者需要根据生长表或生长模型来控制林分密度。

空间需求：树枝间的物理接触会对树木产生强烈的影响。在这种情况下，即使是濒死的相邻木也会阻碍树冠的扩张。

在混交的乔林中，光照对树种分化至关重要。树种可以根据其性能进行分类。见图2-84~图2-87。

树种	生长动态		竞争能力		竞争耐受度（耐阴性）		树冠扩张的最大年龄（年）
桦树（先锋）	5		1		1		12
欧洲甜樱桃	4		3		2		15~18
白蜡	4		2		2		
有梗栎	3		2~3		1		25~30
五梗花栎	2		3		2		25~30
栗树	4~5		5		4		18~20
山毛榉（耐阴）	3		5		5		35~40

说明：一些营林措施开始的最晚年龄与光照需求和竞争力有关系　　1：弱　　5：强

图2-84　一些营林措施开始的最晚年龄，与光需求和竞争力的关系（Yves Ehrhart, 2018）

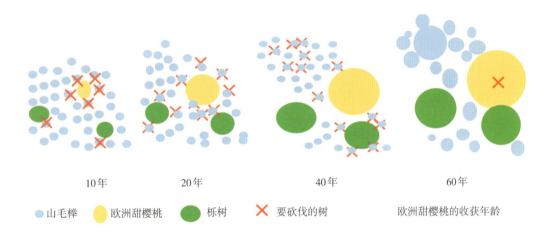

图2-85　几个树种混交时的砍伐调整时间（Yves Ehrhart, 2018）

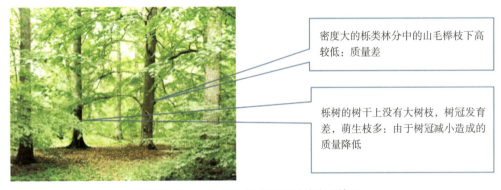

图2-86　山毛榉与栎类混交时的光照情况

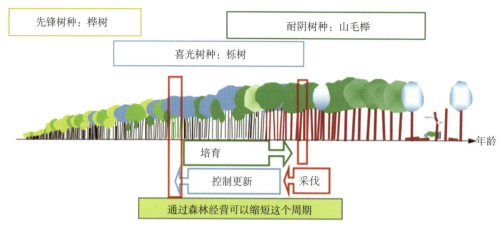

图2-87 几个树种混交的经营总览图（Yves Ehrhart，2018）

2 树冠要暴露，主干要庇护

某些阔叶树有在主干上发生丛生枝的现象，特别是某几种栎类，它们一方面需要光，另一方面又怕光，对光的需求更复杂。针对这几种栎类，目标树主干材应适当遮阴，否则会生长出一些丛生枝，但是它的树冠却又十分需要阳光。一旦主干不能遮阴，这些新长出来的丛生枝会严重破坏立木的质量。对这种经营策略，我们总结为"疏伐要逐步，树冠要暴露，主干要庇护"。主干要庇护是说栎类目标树的周边的树木要保留，用来为主干材遮阴。

图2-88～图2-93说明了主干丛生枝的情况。有几种栎类，只要主干暴露在阳光下，就会生长出很多丛生枝。这些丛生枝可以严重到咬断树木主干。

目前，已知栎类的某些种类、杨树和槐树容易发生主干丛生枝。

图2-88 主干材丛生枝对原木质量的影响

图2-89 栎类主干丛生枝

图2-90 北京西山大觉寺的蒙古栎主干丛生枝

图2-91　栎类主干丛生枝　　　图2-92　杨树主干丛生枝　　　图2-93　槐树主干丛生枝

八　次生林经营：是转变还是改造

1　定义

转变（conversion）和改造（tansformation）都是次生林经营的方式，其共同目标是改进森林的质量，但二者之间有着本质的差别。一处林分的转变是指一处矮林或中林基于乡土树种通过自然更新逐步转向优质乔林的过渡。一处林分的改造是指一处现存林分被新林分取代。这处新林分是由一个或多个主要的原有林地上没有的新树种组成。转变是森林类型的慢性改变；改造是树种被替代，这一替代通常是通过人工造林实现，或通过下种树（如云杉）自然取代。把萌生林、中林转变为优质乔林是因为萌生林有很多短处。萌生林是造成天然林资源低质量的主要根源，萌生化是天然次生林质量差的主要体现。

各国的森林经营，本质上都是在治理萌生林和中林。

在这里，我们强调天然次生林经营理念是近自然转变（conversion），而非改造（tansformation）。这是天然次生林经营的新体系。

2　转变

（1）"转变"是天然次生林经营的核心概念

我国森林资源建设上，"改造"一词是一个传统的用语，只要是对原有林分的作业都称为"改造"。这其实是不对的，必定为天然次生林变成人工纯林预留了钻空子的机会。事实上，人们往往都是在钻这个空子——他们把天然次生林改造成人工纯林。"改造"可能是指转变（conversion），但也可能是指改造（transformation）。不同的理解带来的是完全不同的后果。

"改造"这个说法，在我国的林业著作中由来已久，但从现代林业所关注的生态保护的视角看，它

隐含着破坏性的内涵。而这正是德国在整个19世纪所犯下的错误的根源，当时在这个口号下，德国把99%的次生林都改造成了针叶人工林，以至于德国又利用20世纪大部分时间，纠正19世纪的这一错误。

欧洲林学是把这两个意思明确地用两个术语加以区分的，绝不含混。欧洲林学中的"转变"是一类基于保留原有树木的，由矮林或中林转向乔林的育林作业。这种"转变"同时伴随着树木起源、林分结构和作业方式的改变，是一类近自然方法。

欧洲林学中，由"转变"又牵出了一系列的新概念。如保留树（réserve）的概念是指采伐矮林、中林时保留一部分树木。保留树选择（balivage）指采伐矮林或中林时，对保留树的选择和标记。保留树密集选择（balivage intengsif）指在中林采伐时，高密度保留一部分树木（有时也包括萌生树）。密集保留的这些树木将逐渐疏伐。位置树、目标树（arbre objectif）指在次生林经营中，以树木的分布、活力、干形、品质等为基本标准而选出和培育的树木。在森林经营中，目标树最终构成林分的主体。欧洲现代的森林培育，主要是围绕着目标树而进行的。在法国，目标树以前称为位置树，就是强调它的均匀分布，也有一些人叫未来树。

"转变"的概念和技术体系完全是近自然的，它契合了今天的天然林保护、近自然育林、低碳林业、生态林等发展需求，更具有了时代的生命力。现在在欧洲，德国人工纯林的近自然转变与法国天然次生林的转变这两大森林资源发展模式已经融合，都归到近自然育林的林学体系，此前是两个体系。

上述次生林起源和类型划分等知识，大部分应属于林型学，林型学主要是应用于森林规划的一门林学，在我国少有研究，但蒋有绪先生19世纪60年代曾经接触过。林型学主要内容是区别林分类型，指导林分分类和调查，理解林分演变，预见林分动态等，归根结底是有助于森林经营，与此相配套的还有一门森林生长学。森林生长学研究的是树木及其群体的生长规律，也是指导森林经营的理论基础。第一本森林生长学专著问世距今已经一百多年了，目前德国哥廷根大学、弗莱堡大学等都仍设有森林生长学研究所。

（2）转变的历史

转变的概念，首先是18世纪在德国提出。有多种方法都可以使矮林和中林转向乔林，如直接转变，准备一个等待期再行转变，通过密集保留树转变（这一方法比较平缓，但如果珍贵树种的目标树足够，却是最快的方法）。

转变面临的主要问题是：在经济上，由于保留树的径级很分散，可采伐性（更新伐）通常没有；在技术上，由于下种树的匮乏和衰老，天然更新比较困难；在工艺上，随着保留树的逐渐衰老，保留树质量会贬值。

基于现有林分的实际情况和林主们的诉求，转变法育林也在演变——目标变成了转变为异龄混交林。

（3）转变为整齐乔林

①通过老化的传统方法

就是等待萌生树老化，让实生树长起来的办法。这种方法需要有一个很长的准备期。必须在同一个规划框架内长期稳定地实施。随着现在的中林特点的变化，此法已过时。老化法的基本原理是森林是在一个时期内被依次序转变，这个时期相当于林分内主要树种的采伐周期的一半，如图2-94、图2-95所示：不同的转变阶段叫作周期D；森林被分隔为一些大片区，在整体的期间内被逐步更新，这些片区叫作定期作业分区，转变周期为D，那么定期作业分区的个数为D/d（即半个转变周期）；在面积为s（$s=S/Dd$）的转变周期期间，一个完整的定期作业分区就会得以更新。

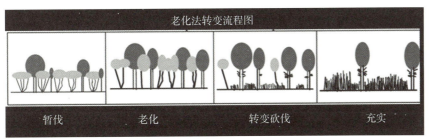

图2-94　老化法转变流程图（Yves Bastien，2001）

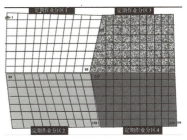

图2-95　定期作业分区

流程如下：

周期	定期作业分区			
	1	2	3	4
等待期	转变预备期的疏伐			
第一期	转变	转变预备期的疏伐	中林的暂伐	中林的暂伐
第二期	改良1	转变	转变预备期的疏伐	转变预备期的疏伐
第三期	改良2	改良1	转变	转变
第四期	改良3	改良2	改良1	

②中林的暂伐（coupe stemporaires）

对于等待转变的林分来讲，为了循序安排转变作业，中林暂伐是必要的。考虑到转变期限或长或短，砍伐萌生树有助于充实未来可以成为下种树的保留树群体。随着其转变期限内的径级不同，林分会逐步得以调整。暂伐有两个目的，一是通过萌生树的老化，消耗其活力，二是充实实生树。

育林作业：保持萌生树，逐步疏伐其他萌条，留下一两根继续生存。目的是消耗伐桩活力，也为了保持植被的连续性以及限制根桩的萌发能力；对保留木进行健康伐，为了在转变时有健康的下种树。

③转变伐（coupe de conversion）

适用于整齐乔林逐步更新的采伐模式。当遇到在更新区内更新幼树受到萌生树的竞争或下种树不足、分布不佳等特殊情况时就采用转变伐。为了保障珍贵树种幼苗存活，大量的疏开作业是必须的。

（4）密集保留树转变法

适用条件：矮林里有丰富的目的树种；采伐成熟立木；有很大的操作灵活性；在需要保护那些还没有达到质量成熟的情况下，限制打开可采伐性和生产性林窗。见图2-96～图2-98。

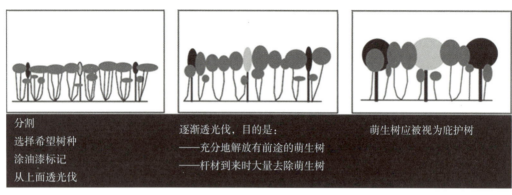

图2-96 一处有丰富目的树种做保留树的矮林的转变阶段

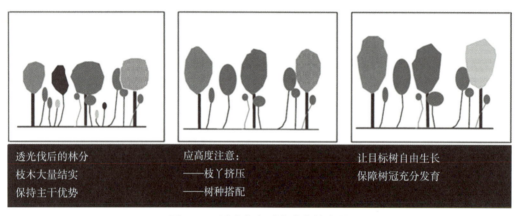

图2-97 透光伐之后应注意的事项

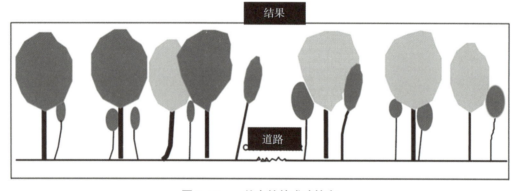

图2-98 一处中林的成功转变

最后形成的林分由一些优质、有活力的和树冠发育充分的目标树组成。这些树木的间距几乎是已经确定了的。将根据立木成熟情况、树种和目标逐渐收获，为了方便连续疏伐及森林保护，要建立路网。

（5）通过亚林班或群丛转变成乔林

适用于小班遇到的各类型林分：亚小班等于一个经营单元，面积小于一个林班。在保留大树的亚林班下，实行局部的自然更新，保持未成熟实生树。实际上，转变是通过淘汰群丛边缘的劣质保留树而形成的自然更新扩散，从而走向整齐乔林的。

（6）转变为异龄林的近自然育林法（prosylva）

近自然育林法，是一种接近于自然并基于以下原则的联合性方法：重视非常适应当地立地条件的树种；是一种利用优选树种生产大径材的育林法；追求林分的永久性，就是追求异龄乔林。短伐期：每8~10年进行一次生产杆材的疏伐；跟踪林分演变（设立长期样地）。

针对立木资产，短伐期砍伐同时包含多项作业：收获大径材并更新林分；疏伐乔林；抚育萌生树。

这些作业都是要伴随各种采伐：解放伐、卫生伐、选目标树、目标树修枝、逐步减少萌生树、引进实生树等，如此逐步地形成一个乔林层。见图2-99~图2-101。

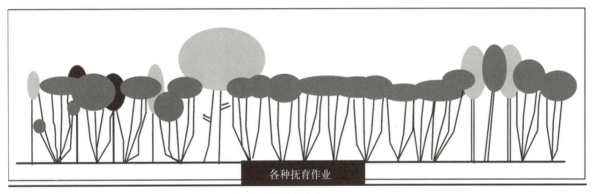

图2-99　不整齐乔林转变流程（Yves Bastien, 2001）

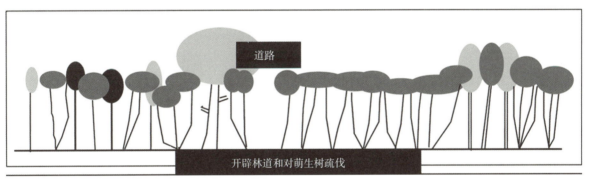

图2-100　疏伐萌生树和开辟林道（Yves Bastien, 2001）

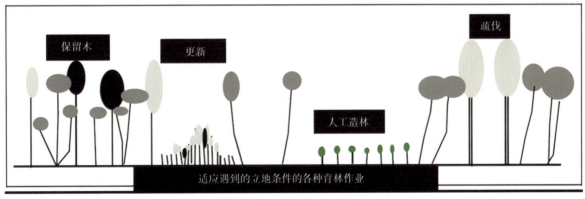

图2-101　适应各种立地条件的各种育林作业（Yves Bastien, 2001）

次生林转变追求的是改进林分生产潜力。推荐的各种育林措施在遇到的各种实际情况中可能都是不适用的。由于中林林分的复杂性，要求经营者更好地预见林分变化。

3 改造

改造是改变低效林质量的有效途径，但是一些不良后果也很严重，一些错误做法是：对原有次生林大面积皆伐；选错了树种，对原有森林生态系统的剧烈和彻底的改动；立地条件没有潜力，改造不可能会产生收益。

（1）总体要求

目标：一处林分的改造还是为了改进生产。

改造的时期和重要性：林分改造可以是在对一片次生林的皆伐重造，这是一种直接和完全的改造。这一模式可以在小面积上实施，以便减少皆伐的不利影响和减少投资。

自然扩展和自然充实：树木的充实和引进少量的树苗对于改进生产潜力和自然更新是很有好处的。

树种混交：保留要改造的次生林内的乡土树种并片状引种树种，同时在林分内自然扩展附近林分的树种。

（2）改造技术

皆伐：过去普遍采用皆伐。由于这一采伐模式对生态和社会带来冲击，后来受到限制。但是在立地条件好的情况下，这一方法的确会迅速地改进林分的生产潜力（图2-102）。我国过去主要是采用皆伐方法，皆伐之后再重新整地造林。我国过去是不太注意次生林的价值的。

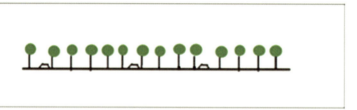

图2-102　皆伐

带状皆伐：带状皆伐可以为幼树提供庇护。皆伐带宽不等，依树种的适应性和育林目标而定。以下示意图适用于各种情况（图2-103、图2-104）。

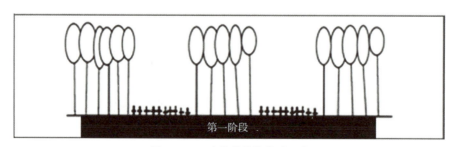

图2-103　交替带状皆伐（一）

带状皆伐适用于坡地，带宽依林分高度和地形而定。根据苗木的生长、混交树种、培育目标、保护珍贵阔叶树种和自然更新等情况分阶段逐步实施。

图2-104　交替带状皆伐（二）

伞伐：伞伐的原理是在遮阴树下引进耐阴树种，其目的是构成一个有利的森林环境，以防护晚霜、减少蒸发、节制萌生树的竞争性生长。参见图2-105。

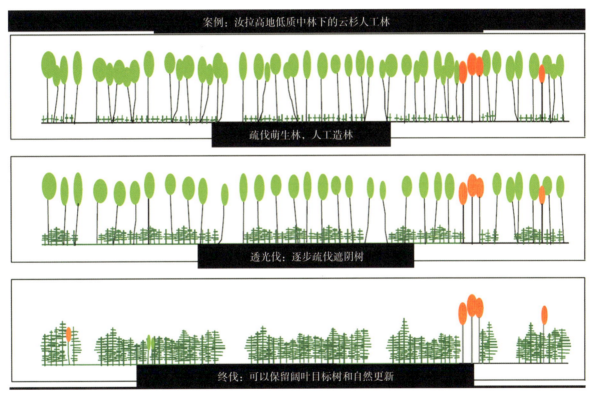

图2-105　汝拉山低质中林引进针叶树种的做法（Yves Bastien，2001）

林窗造林：一个林窗，相当于一个面积约2000m^2的小伐区，其形状各式各样。几何形状依先前的依风倒灾害和中林保留的大径树木的采伐而定。在生态学方面，林窗的出现很重要，可带来丰富的树种（图2-106）。

林窗的演变：随着幼苗对光的需求，林窗会逐步扩大，它会部分地变形。随着人工栽植的树木的生长和周边树木的自然更新而扩展。

林分的充实：林分的自然充实（也就是天然地增加树木）对于在低投入下的林分是一项战略性技术。自然充实并非是人工什么都不管。有多项技术可以采用，如在林分内开出窄带、庇护等。

图2-106 大林窗造林

这样作业的成功取决于：树苗的形态和遗传性状应很好；造林选位有利，进入方便（林道）；抚育方便（机械）。见图2-107～图2-109。

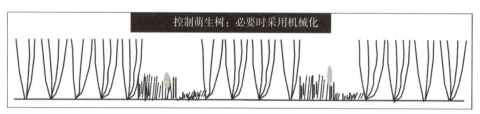

图2-107 采用机械控制萌生树

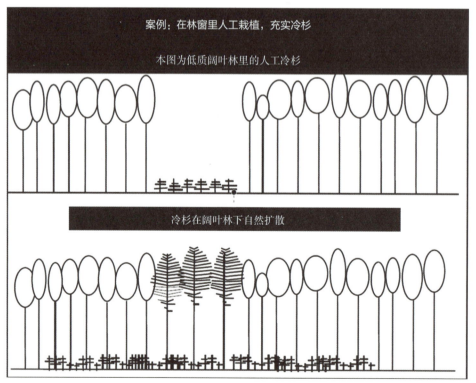

图2-108 在低质阔叶林里补植冷杉（Yves Bastien，2001）

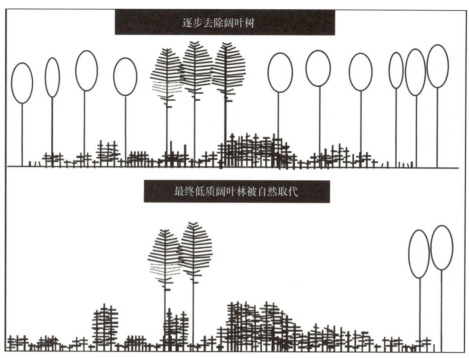

图2-109　矮林被补植的冷杉取代（Yves Bastien, 2001）

九　林分更新

1　林分更新的途径

（1）天然下种

这是最常见的更新办法。为此，应等到林木达到结实年龄。栎类需要50~60年，而椴木只需2~3年，还需要下种树的树冠充分接收到阳光。

在土壤方面，有机质应当充分分解，以便有利于掉落到地面的种子发芽。如果天然更新的幼苗，应当间苗，以使得更多的水分、光线和热量到达土壤。

还有，当种子落下并且发芽，应保障这些幼苗能够接收到光照。对于强喜光树种应当马上给予光照。为此有一项技术，就是渐伐。应选择最好的下种树，并在其周边实施以下作业：移除周边所有的树木，帮助下种树的树冠暴露在阳光下，然后在下林层开展作业，伐除杂灌，这有利于水分光线和热量达到土壤，为土壤种子发芽创造一个较好的温床。

（2）通过营养繁殖途径天然更新

即矮林的更新。有两种萌芽。例如当我们砍伐了一株栎类，首先就会出现休眠芽和不定芽。休眠芽会长期潜伏在树皮下，它们永久地伴随着形成层。当砍伐了树木主干，这些休眠芽就会被唤醒并发育成一个个新芽苞。它们也会形成自己的独立根系，从而使营养和矿物质得以供应并正常生长。

还可以看到，当一棵树被砍伐后，那么不定芽发育会形成愈伤组织。某些细胞会再次生长成为分生组织并显示为芽孢，接着就是新芽，最后就是一棵树。扩大来讲，扦插、嫁接等也属于营养繁殖途径。

（3）人工造林更新

在苗圃培育苗木，造林时间依树种而异。应该在幼苗萌动前或生长停止后，即春季、秋季造林。阔叶树造林要在植物休眠期。针叶树的蒸腾作用不会停止（落叶松除外），但却会变慢。应确认根系还处于生长期再进行造林。通常10月初到翌年初春，针叶根系都还会生长。

（4）通过直播人工更新

直播也是一种很好的更新方式，但需要事先整理林地。直播可以在平整的林地上进行，也可以在现有次生林内进行。例如，山西太岳林区就是在栎类老龄矮林区直播栎类种子。对于栎类而言，直播会带来一定的种子损失，因为野生动物会吃掉一部分，所以应加大播种量以弥补损失。

播种造林时间一般在秋季，播种行距1m，株距0.3～0.5m，每穴播种3～5粒，覆土厚度4～5cm，每公顷播种20000～32000株（考虑到发芽率），播种后要采取措施防止鸟兽危害。

2 天然更新中原有林分密度多大最合适

林分的天然更新需要借疏伐以疏开林分，透进阳光以促进土壤种子发芽。但有的天然林，到底需要怎样的密度，究竟疏开到什么程度，却是一个高度的"秘密"。迄今，国内没有开展研究、揭示出来。

以木兰林场为例，新丰林场有一片天然桦—椴—枫—栎等混交次生林，经营目标是通过抚育间伐促进天然实生林更新形成理想的二代林，实现实生多树种混交。我们发现，在一处地方现有的疏密度之下，实生树木很多，足以满足二代林所需。事实上，这样的二代林分，是非常理想的。据我们现场议论，这片林分的郁闭度为60%～70%，也就是在这个郁闭度之下，林下的土壤种子能够发芽，并且成长起来。但是，这需要实验加以证实。

参见图2-110，可以看出新的实生树木很多，几乎每一棵都很通直，而且多已经长成细杆材或杆材。图片显示出来的新林分就是我们所追求的异龄混交林，这才是21世纪天然林的雏形。今后，此类林分的抚育措施是：逐步疏伐掉萌生的大树，留出空间给新生的实生树，最终成为异龄混交林，之后实行单株择伐。这就是永久性森林。

图2-110 木兰林区新丰林场的中林天然更新

十　人工林的天然化转变

实际上我国有很多荒山秃岭、荒地和沙地都是经人工造林绿化起来的。这些绿化造林实际上都属于生态修复之列，是为了恢复生态环境，并非单纯为了木材生产。在我国天然林保护的时代，这些人工林都应当天然化，并使之通过自然更新延续下去。这里就出现了一个天然化经营问题（或者叫近自然经营）。那么，如何实现人工林的天然化呢？

图2-111左边是一片同龄人工林（落叶松）。由于林主不知道如何经营，因此没有修枝、疏伐等，导致形成了这样一种林相；右边是一片天然化的林分，林分里面大树、小树、幼树均有，而且是多树种混交的，其实这就是一片异龄混交林，或者叫不整齐乔林或者择伐林。它里面"爷爷""儿子""孙子"同期存在。"爷爷"老了被择伐，"儿子"顶替"爷爷"成为新一代"爷爷"，"孙子"成为新一代"儿子"，再添加上新的"孙子"。这些添加都是天然的，顶多人工加以辅助。就这样，这个森林生态系统自然运转，无穷无尽，因此也称其为"永久性森林"。这是一个由人工林转化为天然林的完美过程。

等待转化完毕之后，原有林分的树种发生变化，同龄林变为异龄林，纯针叶林或纯阔叶林可能变成针阔混交林，其生态系统的运转也转变为依靠自然力，其各种生态功能得以极大地加强和发挥。其实就是变成了天然林，一种起源于人工林的天然林，也称近自然林。

图2-111　由人工林转变为天然林

那么，我国有无这样的天然林呢？图2-112就是吉林汪清的一片林分。看起来这片林分像是原始林，其实不然，这是一片营造于20世纪60年代的落叶松人工林。由于历年无人管理就变成了这个样子，汪清林业局并没有注意到这个情况（过去，也不会注意到，因为大家都关注人工林。当然，我们

图2-112 吉林汪清的一片由人工林转变而来的天然林

并不主张都把人工林变成这个样子,老树还是要砍伐出来,加以利用的)。

也有处于向天然化转化过程中的人工林。如图2-113、图2-114所示是木兰林场一片正在天然化转变中的落叶松人工林。大家可以看得到,随着落叶松大树逐步被疏伐,林下出现了很多针叶和阔叶树种,有落叶松、油松、栎类、白桦、黑桦等。再过几十年,这里就会完全演变为一处"人工天然林"了。在这个过程中,每过几年都可以择伐的方式伐出一些原木,越往后伐出的原木径级越大,价值也越高,同时林下的二代林也会长起来。一直到80年之后,保留的目标树最后全部伐出,林分就完全天然化了,二代林完全不是第一代落叶松人工纯林了。

图2-113 疏伐后,人工林内出现了多树种的天然更新层(一)

图2-114 疏伐后，人工林内出现了多树种的天然更新层（二）

我们推荐"以目标树为框架的全林经营"转变模式作为人工林的天然化模式，事实上，这是一种反向的天然化，是由人工林转向天然林。前面讲的各种天然次生林以近自然的方式顺向转变为异龄乔林（或称之为异龄混交林、不整齐乔林等），这是一种正向的转变，是由天然次生林转向天然乔林。

反向的转变，就是由人工林向天然林转变。就是在人工林中选择出一些表现好的、分布均匀的目标树长期保留，不管是当前还是以后，只要是影响这些目标树生长的其他树木逐步去除。这样为该林分确立了一个长期经营框架，对其他的树也予以管理并逐步疏伐，也就是在植被无间断的前提下，每隔几年通过择伐生产中径材，到后期更新层会逐步替代原有人工林分，原本的人工纯林就实现了天然更新，走向了近自然状态。

德国的近自然林转变，就是这种反向转变。与德国人工林转向近自然林所不同的是，德国只是每公顷选出100～150株目标树，其他的树木就不管了，任其自由发展，这主要是由于他们的经营成本太高，无力顾及。而我国由于缺地少林，不能只盯着每公顷几十株树。我们要尽可能地实行全林经营，除了每公顷几十株目标树，对其他的树木我们也要经营。只是，对这些树木的经营要围绕着目标树进行。影响目标树的树木要逐步砍伐，对于全林里的绞杀植物要灭除，对于过密的树木要疏伐。这样，我们会多生产出一些木材。

以落叶松为例，可以在传统模式的两个经营期（原本一个经营期为40年，合计80年）内，据测算，可以多生长出280m^3左右的优质大径材，且规避了40年轮伐后（按照造林规程和现实需求形成了每40年一个轮伐期），重新造林必然带来的15～20年的无郁闭期和无收益期。此外，这样的经营模式一旦建立，未来的经营投入极少，基本上就靠自然力，产生经济效益和生态效益，同时深刻地体现了低碳原则。

据木兰林场工作人员讲，他们实际上今后就不用再做别的工作，只是每隔数年把那些新长出来的影响目标树的树木择伐出来即可。他们说，这样一来等于睡着觉都可以长出钱来。理论上来讲，这是对我国人工林传统经营理念的重大创新。

Part 3

第三部分
木兰育林精要

一　木兰林场：前途何在

图3-1　木兰林场的总部（图片：木兰林场）

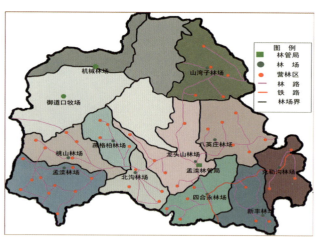

图3-2　木兰林场各林场示意图

木兰林场是河北省木兰围场国有林场的简称，位于河北省围场满族蒙古族自治县境内，地理坐标为：41°35′~42°40′N，116°32′~117°14′E；海拔750~1829m（图3-1）。木兰林区属于湿润到半干旱的过渡，寒温带向中温带的过渡，属大陆山地季风气候；无霜期67~128天；极端最高气温38.9℃，极端最低气温-42.9℃；年均降水量380~560mm。

木兰林场原名河北省孟滦国营林场管理局，始建于1963年。2008年，经国务院批准，建立了河北滦河上游国家级自然保护区，保护区和林管局实行"一套人马，两块牌子"的管理模式。它下辖22个职能部门以及17个基层单位（图3-2）。

木兰林场位于坝上坝下的过渡地带，是阻挡内蒙古浑善达克沙地南侵的重要生态屏障，原为清朝猎苑，这里有众多的历史遗迹。

木兰林场现有职工约1500人，其中离退休职工约600人。

木兰林场总经营面积160.9万亩；有林地面积135.3万亩，其中原本划定的国家重点公益林74.4万亩，商品林59.3万亩；森林覆被率85.18%；林木总蓄积量556万m³。

木兰林场有中幼龄林面积81.2万亩，占有林地面积的60%，这些林分林龄低、径级小、蓄积量少；成熟林仅为22万亩，林龄多为40~60年之间，多数分布在不可及地段，难以作业。

木兰林场有近占22%的有林地，约30万亩，属低质低效林，这些林分多数为多代萌生的杨、桦、柞木林，有的生长已经停止，有的出现心腐，木材质量极差；有些林地立木稀疏，林木干形弯曲，林地没有生产力，处于荒废的状态。

木兰林场160余万亩的林地分布在围场县9000多平方公里的国土面积内，国有林与民营的耕地、川地，插花交错，管护难度大（图3-3～图3-8）。

木兰林场的传统理念就是重造轻管，一是只造不管，二是造后不育；重利用、轻培育，以采伐利用为中心，只简单间伐，森林培育没有纳入视野。

其实，这是当时全国几乎所有林场的特点。可以说，当时全国的林场无不如此。

图3-3　木兰林场的疏林

图3-4　木兰林场的天然次生林

图3-5　木兰林场的桦树萌生林

图3-6　木兰林场的落叶松人工林（一）

图3-7　木兰林场的落叶松人工林（二）

图3-8　木兰林场林区的破碎情况

图3-9 木兰林场生产的木材都是小径材

图3-10 木兰林场生产的小径材都有活节

木兰林场，像任何一个其他林场一样，原本都是以培育木材为主要使命，造林只是为了生产木材。生产木材、养活自己、贡献社会，实行的是这样的机制（图3-9～图3-10）。但是，近20年来，全国的森林几乎都停止了采伐，林场职工都转变为守林人。对于森林，就是任其生长，等待国家的进一步的指示。

这是一个几乎所有的林场都陷入了迷茫的过程。

中国的森林，需要寻找一个出路。

因此，木兰林场的探索，实际上具有寻找这一出路的普遍意义。

二 木兰的森林经营理念

经过十多年的探索，一系列的走出去、请进来，一系列的国际国内会议，一系列的培训和示范活动，木兰林场最终确立了一套新的育林理念。

现在，木兰对于森林的看法，已经与过去有了本质的不同。这些新理念，有近自然育林理念、树木起源理念、林分转变理念、林分更新理念、目标树理念、林分发育阶段理念、树种理念、树木生长周期理念、增值资源与贬值资源理念以及恒被林(也称异龄林)理念等。

这十来个新的育林理念，构成了木兰林场整体的新林业观，使育林工作完全走上了一个新阶段，一切都已经换了新的面貌。

1 木兰的近自然育林理念

近自然育林，这是木兰林场最基础的理念。现在，木兰育林几乎一切都要借助自然力。

过去我们对自然的改造，要求太多，时间太久了。过去似乎一切都要人造的才是最合适的，包括森林。我们的森林，似乎只有人造的才是最好的。很多人脑子里森林的概念，实际上只是人工林的样子。

其实，人类的一切活动只有在天然的环境里才能行稳致远、和谐和永续。我们需要的是天然的一切，至少是近自然的。今天，处于反思中的我们，对天然环境格外的追求，对天然林格外的需要。

木兰森林培育中的近自然理念，主要是两个方面：一是要把天然次生林按照近自然的方法转变成近自然的异龄林；二是要把一部分人工林，转变成能够按照自然规律运行的近自然森林。这都是把生态保护、木材生产融入到森林演替过程中的模式。它的木材产出不是在破坏森林，而是在促进森林演替。木材产出是森林演替的逻辑产物。

这里，需要我们介绍什么是近自然林业，木兰林场的近自然育林理念是怎么形成的？

联合国欧洲经济委员会木材委员会、联合国粮农组织欧洲森林委员会、国际劳工组织混合委员会于2003年10月在斯洛伐克的茨沃伦召开了一次近自然林业研讨会。会议提出了有关近自然林业的林学要点，归纳如下：

我们虽然已经拥有了大面积的有林地，但实际上多是一些结构单纯的林分，要保持这样的林分的生态平衡是极其困难的。为改变这种状况，应当围绕着构建一种近似于自然的森林结构这一轴心，在一个很长的时期中持续不断地采用近自然的方法经营森林。

近自然林业以这样的经营模式为前提，模仿森林植被的自然演替规律，赋予生态系统以稳定运行的机制。近自然的森林经营宗旨是使林分稳定，林分主要由乡土的和适应生境的树种组成。简单来讲，按近自然原则经营的森林，就是"模仿自然规律，加速发育进程"。

木兰林场就是在引进欧洲近自然育林理念的基础上，经过十多年探索实践，逐步将近自然思想本土化，使其更加适应生态保护和资源培育发展目标，成为木兰林场森林培育的首要理念。

木兰林场近自然育林理念是：模仿自然规律、依托自然条件、依靠自然力量，辅以少量人为干预，加速森林发育，培育接近自然又优于自然，结构稳定、功能强大、质量优良的可持续经营森林。

主张模仿自然规律，是由于植物群落在长期的自然演化过程中形成了特定的发展规律。人类经营活动的初衷就是在遵循自然规律的前提下，缩短发育进程。人类只有遵循森林的发育规律，才能实现经营森林的目标，反之会导致逆向演替。强调依托自然条件，就是充分利用现有的自然条件，最大限度地发挥自然正能量，能有效提高育林效率。重视依靠自然力。自然力，如自然生长力、自然竞争力、自然更新力等。近自然育林充分利用这些自然力，在人为干预帮助下，有效提高育林效率。

近自然森林经营应遵循三个原则：一是选择乡土树种或适应立地条件的树种；二是建立生态稳定和生物多样性丰富的森林结构；三是充分利用森林的自我调控机制，也就是充分利用自然力。

2 木兰的树木起源理念（区分矮林、中林和乔林）

树木的起源问题，就是它是萌生的，还是实生的。这关系到树木的一生何去何从，因此也关系到林分的发育走向，决定着林分的未来。很多人不重视树木起源。但木兰林场把这作为一个重要理念。

把阔叶树的起源区分为矮林和乔林，从而不同起源的林分，也分为矮林、中林和乔林。这一划分是符合事实的，有科学性和可操作性。这是一个重要的理念进步。

矮林，就是萌生林，是原有林木被砍伐之后又自然萌生的林分。矮林不一定"矮"，关键是它的起源是萌生的。原则上讲，萌生林寿命较短，立木质量较差，矮林多是要加以转变的林型。中林，就是间有实生树木的矮林。但这些实生的树木可能是目的树种，也可能不是，这需要通过森林经营来调整，以增加高价值的目的树种密度。乔林，实生起源的林分。但天然乔林里的这些实生树种，也不一定都是我们需要的，需要视具体情况加以调整。

木兰林区的阔叶林，基本都是萌生林（矮林）。承认这个事实很重要。因为，矮林的发育规律不同于乔林，它不会顺利地向乔林方向发展，中间会不断地经过死亡、萌生、再死亡、再萌生的过程，最后结果也可能是形成乔林，也可能是稀树荒坡，而这个过程会很长。只有承认了这个事实，并且有针对性地采取经营措施，才能顺利地引导林分向优质乔林转变。尽管既往的林学没有这样的表述，但木兰坚定不移地承认这个简单的事实，这是一个理念的重要进步。

3　木兰的林分转变理念

林分转变，就是将林分在存在的前提下，从一种结构转变为另一种结构，从一种形态转变为另一种形态，要转变的只是其中的树木的起源。

（1）天然次生林的近自然转变

我们需要的是将天然矮林、中林和乔林转变为优质乔林，以及将人工林转变为近自然林。林分皆伐后重造，属于林分改造，不属于林分转变。对于矮林或中林的经营，一是要通过选择现存的树木作为保留树（其中也包括下一步作为目标树者）进行转变经营，二是要通过林分疏伐增加实生树木。对于保留树，要择优保留长势好的个体并继续培育，适当的时候从中选择目标树。

和大面积皆伐改造不同，转变经营是通过疏伐，释放空间，获得天然更新、促进森林演替的经营方法。针对低质林分，通过疏伐降低郁闭度，为林下更新创造适宜的生长环境。更新完成后，根据更新层的生长需要，逐渐采伐上层木，逐步改善林分结构、提高林分质量。

采用此技术路线能保证次生林群落一直保持较好的森林环境，充分发挥森林生态效益；由于上层林木的存在对林下灌草起到抑制作用，维持了森林的温度、湿度等环境条件，从而保证了幼树的正常生长。

适用的技术，一是继续对确定的目标树进行管理，定期伐除干扰树，定期进行修枝，直到达到合适的高度。二是对全林进行管理，对暂时不影响目标树生长的其他树木个体也要予以疏伐和修枝，对那些没有增值空间，空耗地力的树木个体（贬值资源）尽量疏伐；对暂时不影响目标树生长、且有一定培育前途的辅助木进行合理疏伐、必要的修枝，促进其健康成长，以期实现更多更好的中间收益。

三是进行必要的林地管理，保护种源树。四是关注林下二次建群，在目标树径级达到预定目标的前二十年左右，开始关注林下更新情况，如果天然更新有困难，可以采取人为措施来促进林下更新，直至完成二次建群。

几乎所有的阔叶优质乔林，都来自于矮林、中林和乔林的转变。

（2）人工林的近自然转变

在理论部分，我们已经讲了人工林如何转为天然林，我们称之为"逆向转变"。

过去的人工林追求人工化，忽视利用自然力，丢掉了生态系统的力量，导致树木生长量降低。今天的人工林，追求近自然、异龄混交、长周期和生物多样性。

人工纯林，应走向近自然化，逐步转变为以乡土树种为主的异龄混交林，并尽可能实现天然更新。

木兰林区的落叶松人工林占有很大比例。这些人工林，全部没有经营，全部密实，枝丫很多，临近死亡，只有树梢还是绿的。

首先是要选择目标树，并围绕目标树开展全林经营。经过几次疏伐，林分密度疏开，树木的生长活力被重新激发出来。疏伐围绕选定的目标树开展。对于那些非目标树，只要不影响目标树的生长，仍存留下来，让其继续生长，但一样进行修枝。

今后每隔5年左右进行一次疏伐，每疏伐一次，砍出质量更好一些的原木。林龄到60~70年的时候，由于林分密度很低，估计林下的天然更新层已经很丰富，有些已经长成为细杆材或者杆材，到那时再对更新层进行适当的疏伐，同时砍出一部分目标树。到林龄80年以及80年之后，全部砍出目前的目标树，更新为天然林。估计这一天然林层，仍以落叶松为主，夹杂其他阔叶树种。第二个经营期之后，面对的就是一处近天然林了。整个过程，木材培育并未减少，反而增加。据推算，木兰林区每80年每公顷较传统做法可以多生长出243m³的蓄积量，林场的收益更加均衡。

4 木兰的林分更新理念

林分更新，也就是二次建群，就是通过天然更新或人工更新形成有效二代林的过程。具体是指矮林、中林或乔林，在主林层林分存在的情况下，在林下生长出实生幼苗，逐步形成二代林；或者人工补植苗木，形成二代林。原有林分，更多的情况下，是寄希望于二代林的林分更新。通过更新，二代林就变成了以实生树为主的林分。

大面积的矮林、中林实际上都可以通过林分更新，天然地转变为优质乔林。

木兰林场很看重林分更新，并在数十万亩的林地上推行了此项作业，有些是天然更新，有些是人工更新，其结果都是令人满意的。林分更新，主要是疏伐原有矮林、中林或者低质乔林，让阳光更多地投射到地面，促使土壤种子发芽或者补植。以林分转变为目的的疏伐，应特别关注疏伐强度，伐后林分郁闭度要降到0.6~0.7左右，从而保证更新幼树能够健康生长。在疏伐过程中特别要坚持择优保留，每次疏伐都要优先伐除更加贬值的立木资源，保证主林层立木也有增值收入。

二次建群时，优先利用天然优质种源，通过破土、除草、折灌等积极的人为干扰措施，促进其实现天然更新。天然更新优质种源不足时，可选择优质适生树种进行林下补植。通过不断疏伐的方式，为林下幼树的生长释放空间。当二次建群完成后，伐除上层残次立木，从而实现转变的完成（图3-11）。

图3-11　林分更新（二次建群）

5　木兰的目标树理念

目标树，也叫位置树、未来树。目标树，是指它们是林分中树木的培育目标；位置树，是指它要在林分中比较均匀地分布；未来树，是指它在林分中要长远保留。

目标树经营体系，是除了物质经营之外的所有林分的经营体系。

这种经营体系的特点是：一是为实现森林可持续经营奠定基础，建立起"目标树"经营体系，就建立起了森林可持续经营的骨架，目标树的选择一定是优势树种和遗传基因好的树木；二是稳定森林的生态结构，目标树只有达到预定径级才能采伐利用，在森林中有一定数量、均匀分布的目标树长期存在，就能够保证森林生态系统的长期稳定；三是可持续不断地提供木材，目标树经营技术要求，对影响目标树生长的干扰树要进行适时疏伐，以保证目标树生长始终有足够的空间，培育目标树既可满足市场对大径优质木材的需要，又可通过对干扰树适时疏伐，持续不断提供各种不同规格的木材，使森林实现可持续经营；四是比较效益增大，目标树采伐所生产的大径优质木材的价格是普通木材售价的2~3倍。

目标树体系，开始于保留树。保留树，就是在原有林分的基础上，砍除那些病腐木、倒伏木、霸王树、杂藤等树木，其余均予以保留。目标树从保留树中进行选择。往往是林分还比较幼小，不到选择目标树的年龄时，进行保留树作业。

以下各类树，均是在保留树的基础上选定的。在保留树的基础上，进一步选择目标树及其辅助树，再进一步确定干扰树和其他树。

按照目标树经营体系，将能够满足目标树培育条件的林分中的树木分成四类，即：目标树、辅助树、干扰树和其他树（图3-12、图3-13）。

目标树是指对森林主导功能起支撑作用，在林分中长期存在，在经营中重点培育，一般指以培育大径材为目的的树木。目标树支撑起森林的骨架，决定着森林的质量，提供优质种源，决定着森林的未来演替方向，维持森林系统稳定。

辅助树是指对目标树发挥其功能有促进作用的树木，一般生长在目标树的周围。辅助树是相对的，当其生长到一定程度与目标树发生竞争，就由辅助树变为干扰树了。

干扰树是目标树经营过程的重要组成部分；干扰树相对目标树来说是动态的，当树木不影响目标树培育时，它就不是干扰树，这时原则上不对此树木进行经营；当树木的存在影响目标树培育时，它就是干扰树，这时要对其进行疏伐。干扰树是我们培育目标树过程中提供木材的主要来源。

其他树指林分内除以上三种树以外的树木。

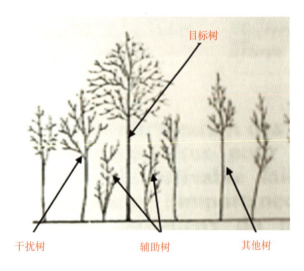

图3-12　目标树分类示意图

图3-13　目标树经营

目标树一旦选定后，将被长期保留下来，直至完成功能目标才退出培育重点；辅助树是防护目标树的，但它是动态的，随着目标树的生长、增高，需要的生长空间越来越大，原来与目标树不发生矛盾的辅助树对目标树的生长产生了不良影响，这时辅助树变成了干扰树。

目标选树标准是：树种优良（木材珍贵、寿命长）、个体突出（干形通直、树冠圆满、树高不低于主林冠层，顶无双头、干无损伤）。

选树时机。最佳选树时机即树高达到终高的1/2或当前胸径达到目标胸径的1/5左右时，最大不宜超过目标胸径的1/3。如果选择过早，一方面由于目标树太小，树木个体优势展现不够明显且造成损伤的风险较大；如果选择过晚，错过了目标树质量培育的最佳时期，影响目标树材质。

一般目标树胸径在60~80cm，每公顷阔叶树选择80~100株。

距离控制。阔叶目标树因树冠较大，相应距离适当增加。天然林个别情况下可考虑群团状保留。目标树选定以后，用油漆或其他颜料进行标记，便于长期管理。

如图3-14，选择树木B作为目标树，而不是最优势大树（一般是霸王树）或其他劣势、劣质树木。

6 木兰的林分发育阶段理念

木兰根据树木发育阶段的生长特点、规律，将林木发育划分为四个阶段，即建群阶段、杆材形成阶段、径生长阶段和成熟阶段。

建群阶段（也叫幼树阶段）相当于土壤侵占阶段、发芽阶段，通过幼树竞争形成绝对优势的林分，其高度是2.0~2.5m。

杆材形成阶段，在较好的条件下，这是一个圆木形成和自然修枝的阶段。它结束于其自然整枝达到一个理想的高度（大约为最终树高的25%），依树种不同及生境不同，相当于6~9m。

径生长阶段（也叫扩张阶段）相当于树木直径快速生长阶段。为了支持这个阶段，人们帮助目标树侧枝扩张，警惕侧枝凋谢。这个阶段结束于其树冠侧枝生长结束。

图3-14 目标树的选择

伐除6（霸王树），帮助B的生长和树冠的重新平衡。尽管6不是最靠近B的，但却影响B的生长。1和2，可以起支撑作用，但它们偏冠，应随后伐掉它们。3、4、5，构成亚林层，并且保护B的主干。7可以作为伴生树。

成熟阶段（也叫收获阶段），这个阶段延伸到经济收获。本阶段的目标有两个：目标树生长结束和构成更新潜力，也就是达到目标胸径并进行林分更新的阶段。此阶段划分主要适用于目标树收获，在此阶段采取有针对性的经营措施，通过人工辅助完成更新。

7 木兰的树种理念

传统的先锋树种概念，即常在裸地或无林地上天然更新、自然生长成林的树种。一般为更新能力强、竞争适应性强、耐干旱瘠薄的喜光树种。如白桦、山杨、马尾松、刺槐等。由于不耐荫庇，往往在成林后被其他树种逐渐替代。先锋树种的种子年间隔期很短或不明显，其适应性一般很强，喜光，能抗剧烈的气象因子变化。对土壤要求不严格，生长快且寿命短。原本，木兰林区只生长着落叶松、油松、山杨、桦木等先锋树种。

蒙古栎虽然较多，但均为萌生，杆材扭曲，五角枫、紫椴等虽然有分布，但较少。总之，树种比较缺乏。木兰的做法，一是保护优质乡土树种。在经营好本林区落叶松、油松、杨树、桦树等主要树种以外，同时加强了蒙古栎、五角枫、紫椴、核桃楸等珍贵乡土树种的保护、培育（图3-15）。二是引进珍贵树种，经中试，水曲柳、黄波罗、红松等优质外来树种，在本林区非常适生，在经营期内适度引进，丰富种源，提高林地质量。

木兰的树种理念，除了引进一些适生树种之外，主要是保护并发展基本成林树种。基本成林树种是构成基本林型的主要成分。在森林演替过程中，能更替先锋树种成为较稳定的森林生态系统的树种的那些树种，称为成林树种，如红松、云杉、冷杉、五角枫、椴树、水曲柳、黄波罗等（图3-16）。这类树种一般寿命较长，幼时生长较慢，具有一定的耐阴性，其中有些种类不能首先在裸地上更新发育，而是在先锋树种成林后侵入其内，然后将其更替。

图3-15 木兰引进的核桃楸

图3-16 木兰引进的红松

8　木兰的树木生长周期理念

科学认识不同树木生长周期至关重要。从实践中发现，我们对一些乔林的生长周期定性过于主观，甚至发生了一些严重错误。

通过实践发现，林龄40年的树木正是高速生长期和蓄积积累期，这个时候采伐是对现有资源的巨大浪费，很多树种在生长到80年甚至100年时，仍具有很大的生长量（图3-17）。

落叶松主伐利用年龄应不低于80～100年（德国、法国都是120年），油松、云杉、红松不低于120年（德国140年）。我国正是由于错误地界定生长周期，造成了大量处于中幼龄林的树木被提早地主伐利用了，造成林地、林分极大的浪费。

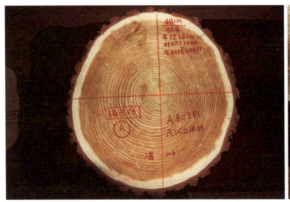

图3-17　林龄40年（左）和85年（右）的落叶松，年生长量仍然很大

基于新的树木生长周期理念，木兰林场调整了林木培育周期，一般树种的目标树均定为100年以上，而这个调整，也带来了立木蓄积量的大幅增长。

9　木兰的增值资源与贬值资源理念

随着年龄的增长，从目标价值衡量增值较大或者增值比较明显的树木个体，称为增值资源。随着年龄的增长，从目标价值衡量，那些增值空间不大甚至出现负面影响的树木个体，称为贬值资源。

具备这个理念，很容易在林分培育中确定必要的技术。

10　木兰的恒被林理念

恒被林(也称异龄林)，由耐阴或中性树种构成的异龄复层林，林分内大、中、小树木皆有，上层木采伐后，下层林木逐渐接替上层木，林下更新持续出现。在经营管理过程中，林地始终覆盖着森林，天然更新不断补充，经济和生态效益持续，是可持续经营的经典模式。

恒被林不一定是异龄混交林，如果是异龄混交林会更好。异龄混交林是我们追求的最终林型。

恒被林是一个老的概念，只是在近自然林业的时代，它的优点被重新开发了出来。恒被林的主要特点是，它是自然形成的，因而它至少是近自然林（图3-18）。

图3-18　恒被林，大、中、小树木共存

以上十种新理念，构成了木兰林场新的森林经营观。这十种新理念，完全告别了旧的森林经营理念，升华到了现代林业的水平。

三 木兰的育林技术

1 天然次生林转变技术

天然次生林，一般只包括矮林、中林和低质乔林。其转变技术在理论部分已经说得很清楚，这里只是简单提示一下。

对于矮林要转变成优质乔林，关键是引入和扩大实生树，但同时也利用矮林，作为防护树和生产木材。因此，矮林要疏伐，腾出空间让土壤种子发芽生长。对于中林，原则也是一样，就是通过疏伐，让林下出现更多的实生树苗，并且能够生长起来。在实践当中，往往很难区分矮林和中林，所以一般都采取疏伐作业即可。对于低质乔林，也是一样疏伐上层树木，腾出空间让土壤种子发芽生长。上述疏伐作业，一般掌握的疏伐密度是60%～70%。但是这个问题我国过去所做研究较少，这里只是供参考（图3-19）。

图3-19 天然次生林的近自然转变（疏伐上林层，期待下林层）

2　人工林近自然转变技术

人工林的近自然转变，主要是在标记出目标树之后，对其他树木进行疏伐、修枝，恢复其生长活力。一般是每隔3～5年疏伐一次，疏伐要围绕目标树开展。依树龄不同，目标树之外的辅助树和干扰树也都是在变化中，以不影响目标树生长为原则，确定其是增值资源还是贬值资源。等到人工林疏伐到很稀的程度，林下就会长出各种实生树，实生树下林层很宝贵，它就是未来的主林层，下一代目标树就是从中选出的（图3-20）。

图3-20　针叶树人工林逐步疏伐后出现的林下更新层

3　干扰树确定技术

一是空间判断，主要考虑干扰树树冠与目标树树冠之间的关系，如果由于干扰树树冠的存在导致目标树偏冠或形成死枝，必须及时清除；二是距离考量，我们称之为"被干扰半径"，它等于（目标树当前胸径+预计下一次疏伐年限×预计目标树年均生长量）×25，如果目标树和干扰树之间的距离小于"被干扰半径"，说明目标树已经受到干扰；三是频度考量，根据干扰树对目标树的干扰程度，结合生长速率，一般每5年左右清除一次，特殊情况可以提前或延后；四是强度考量，根据林分实际状况，确定干扰树的采伐强度，充分解放目标树；如果目标树高径比过大，应当降低强度，防止风折，可以通过多次小强度抚育达到解放效果；五是顺序考量，根据干扰程度大小确定采伐顺序，首先根据树冠搭接程度确定，搭接程度越大干扰越严重。在树冠没有搭接的情况下，根据目标树"被干扰半径"范围内其他树木树干与目标树树干间距确定干扰程度，间距越小，干扰越大。在搭接程度或树干间距相同的情况下按坡位确定干扰程度，上坡位>同坡位>下坡位。最后在搭接程度相同且坡位相同的情况下，按阴阳面确定干扰程度，阳面>阴面（图3-21）。

图3-21　树冠即将搭接或已经搭接，影响目标树生长

4　修枝技术

因为修枝主要是为了促进目标树形成优质材，因此一般在确定目标树以后对目标树进行修枝。修枝高度，幼树阶段修枝高度不超过树高1/3，最终修枝高度不超过树高1/2。有效修枝，在修枝高度内，茬口平滑与树体平行，不留短橛，不形成坑洼。修枝保护，对于粗大侧枝要防止劈裂，最好是先从侧枝下部贴树干向上切，基本切开1/3左右，然后再垂直由上到下切开即可，或者在距离树干较远的地方截断侧枝，然后再将保留的短橛修掉。粗壮侧枝干、死枝，严重影响树体生长，因此修枝重点是清除树干下部过粗枝条和已经干死的枝，保持良好顶端优势（图3-22～图3-25）。

木兰育林精要 | 第三部分

图3-22 未修剪的枯树橛

图3-23 活枝修剪后效果

图3-24 未修枝形成的节疤材

图3-25 经过修枝形成的无节疤材

5　疏伐强度控制技术

比对收获量表标准值（如没有收获量表，可以参照当地密度控制表），确定是否疏伐和疏伐强度；测算当前树木的高径比，结合高径比大小确定是否疏伐；兼顾经营的频度，对近期已经疏伐过度林分，要推迟疏伐时间，防止连续改变森林环境，影响树木生长。

6　扩穴增温技术

冬去春来，地面覆盖了一层很厚的枯枝落叶，使得地上温度不能透到土壤，这种情况地面土壤的温度甚至可以比地上温度低10℃以上。人工清除幼树四周地表的枯枝落叶覆盖，提高地温，能有效促进幼苗生长。此种作业一般在河谷沟塘、低洼冷凉地带于早春进行。（图3-26）。

图3-26　扩穴增温

7　折灌技术

对影响幼树生长的乔灌木通过折断的方式，达到抑制生长，保护幼树的目的。选择性折断，即谁影响折断谁，不影响不理睬；折而不断、伤而不死、活而不壮；折完的灌木在短时间内不会出现复壮生长，同时对草本起到遮阴的作用，减少地表水分的蒸发；折灌的时间以春夏之交效果最好（图3-27～图3-29）。

图3-27　折灌

图3-28 踩灌

图3-29 粗壮枝条剪断

8　种源区块布设技术

适用范围：不便造林或造林困难的瘠薄山地或陡坡山地；树种比较单一、生长发育不好的纯林；先锋树较多、优质成林树种较少的林分；中林、矮林等需要转变的林分，引进适合本地区生长的珍贵树种。

技术措施：引进适宜经营区域生长的优质树种（基本成林种或顶极种）进行中试，如果适宜，就大量引种，或者在适宜地块上，通过人工营造的办法建立小面积种源林，培育优质种源。通过种源林的天然下种，为更新提供种子。

树种选择：充分利用现有种源，对林分中现有的珍贵树种个体进行重点保护，通过抚育为其创造生长空间，作为种源母树进行重点培养。对于混交林，在抚育过程中有意识保留种源树，尤其利用林缘部分种子容易扩散的有利条件，着重保留林缘部分的现有种源。

位置选择：一般选择在上风口，并且相对需要覆盖的区域应为上坡位，在地势平坦地段可以随机布点。

重点管护：促使其尽快成熟，辅以措施提高繁育能力。

9　林区道路设计

林间道路是开展森林经营的主要基础设施，同样也是森林经营的作业种类。木兰林场现已修建林路683km，路网密度达到6.4m/hm^2。

按照《林区公路设计规范》（LY/T505—2014）要求，木兰林区道路现行选择等级为四级标准，最大纵坡设计一般值不超过12%，特殊值不超过15%。在林路转弯处和外侧陡峭谷深处，为了保证安全驾驶要形成外高反坡，反坡比应在3%～5%之间（外沿高于内沿）。

为了减少水流在路面长时停留，造成路面积水，林路横截面成拱形。道路拱度（路面中间高度与

1/2路宽的比值）应在5%～8%之间。如果林路外侧陡峭谷深且本路段纵坡大于8%，应降低拱度，宜采用最低值5%，提高安全性。

防止水流长时间顺林路流淌，造成冲刷，在特殊地段修建排水槽。第一种情况，在纵坡在8%～12%时，每隔30m最少设置一组排水槽。在纵坡在12%～15%时，每隔20m最少设置一组排水槽。水槽要在林路两侧顺林路拱形半幅设置，每两个为一组。第二种情况，在道路转弯处且上坡处，分转弯前、转弯中、转弯后设置分水槽。注意转弯处道路为反坡，因此排水槽要全幅设置。

排水槽规格标准：排水槽深、宽10cm，底部及两侧三面铺设，上面露天便于清理。两侧之间用铁棍支撑，防止车辆挤压损坏。

排水槽下设技术：排水槽设置时要与路面中线留出30cm空隙。排水槽上沿应与路面持平，走向顺水流方向适当倾斜，不可与林路中线垂直设置。基本保证水槽与林路上坡反向方向夹角控制在45°～60°之间。排水槽要与边沟统一使用，确保路面排出的水流入边沟或者路面外沿。

林区林道避免使用柏油路面和水泥路面，这样做不符合近自然的原则。见图3-30～图3-32。

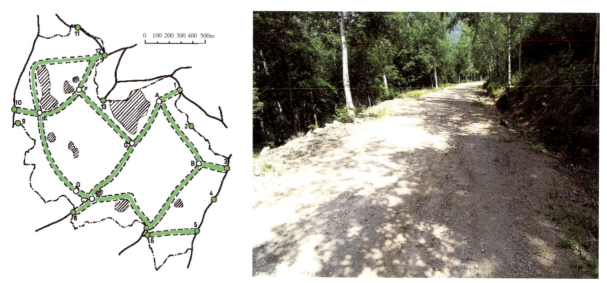

图3-30　林区道路布局图、林区道路建设效果图

图3-31　木兰林场的林道排水槽

图 3-32　木兰林场的林道"八"字形排水槽

四　木兰森林经营案例

1　木兰林场天然次生林综合经营

（1）木兰林场天然次生林的一般疏伐处理

木兰的天然次生林育林技术，均是体现了上述有关的新理念。

木兰分布最广的是一般天然次生林。这些次生林林龄不一、类型不一、质量不一，一般都是多树种混交。对此类林分的经营，木兰推广了约 1.5 万 hm^2。对这些次生林的经营，原则做法是区分矮林、中林和乔林，予以经营。一般说来就是，选择相对较好的杆材，予以保留，然后逐步砍除其他杂灌。如果是处于幼龄阶段，则实行抚育伐，逐步伐去干扰树和干扰杂灌木等；如果是中林，则按照中林转变的办法抚育，主要是按照两个林层开展疏伐（参见"第一部分天然次生林经营基础理论"）。

图 3-33～图 3-34 说明各类予以转变的天然次生林（原样）。

图 3-33　应当予以转变的各种天然次生林（一）

图3-34 应当予以转变的各种天然次生林（二）

以下是各类次生林林分的处理情况。现在，这些处理的次生林，已经长出实生树，较早干预的，这些实生树已长成细杆材和杆材（图3-35～图3-40）。

图3-35　疏伐的各种天然次生林（一）

图3-36 疏伐的各种天然次生林（二）

图3-37 疏伐的矮林

图3-38 2017年疏伐的中林，林下已经生长出很多实生幼树（一）

图3-39　2017年疏伐的中林，林下已经生长出很多实生幼树（二）

图3-41　2017年疏伐的中林，林下已经有了很多小苗

图3-40　2017年疏伐的次生林，林下已经长出实生幼树（三）　　　　图3-42　2017年疏伐的一处中林

　　从2017年疏伐的中林可以看出（图3-41～图3-42），林下已经生长出了实生幼苗。这些幼苗，并非同一年出生的，所以有大有小，但是数量很多，过几年完全可以形成林下更新层。

（2）东色树沟天然次生林的经营教益

　　东色树沟天然次生林是一处中林，面积并不大，但是，木兰在此处的中林经营探索，开始的比较早，走了些许的弯路，但终于找到了正确的途径。

　　这里原来是一片要皆伐重造的中林林地。一条山沟，西边的沟坡已经于几年前皆伐重造了。重造的是落叶松林。但是，由于杂草丛生而抚育又不及时，很快就被杂草淹没了，现在就是荒在那里（参见图3-43）。对面的山坡被用来做新式的中林疏伐实验，拟等待林下土壤种子萌发，形成二代异龄混交。

此项实验已开展五六年之久，但是期间走了一些弯路。原本早已可以形成二代林分了，只是由于每年雇农民割灌，他们割灌时，就连新生的实生幼树一起割了，就这样一连割了三年，所以一直未能出现新生林层。目前，林场已经改进了做法，给新生实生幼树拴上红布条，雇佣农民割灌时予以保留，问题就解决了。

该片次生林，下一步的做法是：等待更新层形成并长成细杆材或杆材，并开始选择目标树，按照目标树经营体系进行经营。这一做法的好处是比较可靠。可以省除皆伐后重造落叶松林的几次抚育；可以由于砍伐中林里的大树，生产中小径材；可以形成为一处可靠的异龄混交林，把此处林分转变为"以目标树为框架的近自然全林经营"模式。见图3-44～图3-48。

图3-43 这就是对面那一片原先皆伐后重新营造的落叶松林（落叶松已经消失）

图3-44 木兰林区东色树沟试验区

图3-45 东色树沟已经疏伐了的天然次生林

图3-46 东色树沟试验区对面的灌丛

图3-47 东色树沟新生林木被割掉后重新萌发的苗木

图3-48 东色树沟的实生苗

如果东色树沟这片林分一开始就通过疏伐，以形成实生幼林层为导向，那么，经过五年左右的时间，就已经形成了实生林层。这期间，可以开始进一步疏伐上层林木，借以生产木材，同时也为实生幼林提供更多的光照。

天然次生林近自然转变这个案例，集中地体现了近自然育林理念、树木起源理念、林分转变理念、林分更新理念、目标树理念、林分发育阶段理念、树种理念、树木生长周期理念、增资资源和贬值资源理念以及恒被林理念。整体的经营理念是建立在利用自然力的基础之上，在此基础上逐步走向优质乔林。

2　天然栎类林的近自然经营

（1）天然栎类的一般近自然经营方法

木兰林区有栎类资源1.3万hm^2，其中有栎类幼龄矮林、中林矮林和老龄矮林（图3-49～图3-51）。对此，木兰都有经营实验。

下面分别加以介绍。

天然落种更新：栎类种子较大，天然更新能力强，加之种子产量较高，通过适当的人为辅助，天然落种更新相对容易；由于蒙古栎是喜光树种，出苗后要及时对小苗进行透光作业，否则天然更新很难成功。

幼树的管理： 对植苗造林或其他方式繁殖的栎类幼苗都要加强抚育管理，特别注意消除杂草，以保证栎类幼苗生长有充足的光照。除草抑灌作业一直要做到栎类幼苗生长高度超过杂草和灌丛高度为止。对冠下栽植、直播或天然更新的栎类，在达到郁闭后要逐步伐除上层木，以保证幼苗有充足的光照。

图3-49　幼龄栎类矮林（一）

图3-50 幼龄栎类矮林（二）

图3-51 中龄栎类矮林

杆材形成阶段：该阶段主要是促进高生长和林木良好干形的形成，由于栎类侧枝生长旺盛，要保持较大密度，才能保证一部分树木有通直的干形和较好的高生长。此阶段主要是通过伐除上层林木或折灌等措施。在伐除上层木时要适度保持林分密度，以防止由于树干部分的光照增强而刺激主干生长丛生枝。在杆材形成阶段末期可以选定目标树，目标树的数量可以适度多选一些，比如当确定目标胸径为60cm时，目标树的数量应当是每公顷80～100株，但初定目标树时可定在每公顷150～200株。目标树的选择，要选择那些干形通直、树冠丰满、生长活力旺盛、无病虫害、具有较高培育价值的优势实生树。对选定的目标树要在胸径处做出明显标记，以便于重点保护和经营管理。目标树在林内分布要基本均匀。在选定目标树的同时，要及时对目标树进行修枝，修枝高度一般不超过当前树高的1/3，以保证有足够的营养枝为树体提供营养，自下而上修枝，优先修掉粗壮侧枝（粗3cm以上）。

径生长阶段：该阶段主要是围绕目标树进行疏伐，为目标树生长提供良好的生长环境，促进目标树的径级生长，对目标树生长构成干扰的，要进行疏伐，疏伐强度以目标树冠幅发育不受周边树木影响为尺度。在围绕目标树疏伐的同时要注意保留辅助木，借以抑制树干部位丛生枝的生长，一旦辅助木生长对目标树自然整枝或冠幅生长构成威胁时，辅助木就变成了干扰树，这时就要及时将其伐除，对不影响目标树的其他林木按照间密留稀、留优去劣的原则进行疏伐，提高全林的生长量，抚育强度和次数依干扰树的影响程度确定，一般间隔5～8年。在该阶段也要关注目标树的侧枝生长情况，及时进行修枝作业，修枝高度为树高的1/3～1/2。

收获阶段：目标树达到目标胸径，就可以开始对目标树分批次采伐利用，同时对更新层的林木按不同发育阶段及时采取相应的抚育措施,最终实现近自然状态正向演替。栎类寿命较长,达到60cm的目标胸径需要大约150年的生长时间,但其经济价值很高。

终伐前20年开始关注天然更新的形成,对出现的目的树种天然更新进行保护,及时进行幼抚管理,对天然更新数量不足或没有天然更新的要采用破土、割灌、播种、补植等方式促进目的树种的更新,实现二次建群。

栎类中林、矮林的经营管理:栎类矮林,即由萌生为主的栎类构成的林分,在多数长期缺乏有效经营,林相差、干形次、多代萌生。这些林分往往生长缓慢,经济价值低。在木兰林区共有1.3万 hm²的蒙古栎矮林,这些林分平均蓄积量只有46m³/hm²,由于多数为多代萌生,林分矮化严重,平均优势树高只有8.3m。中林为以天然萌生为主、以实生为辅的林分。

木兰林区的栎类,后来有少量矮林,被补植进针叶树以及补植了少量蒙古栎(图3-52)。但是,据我们观察,人工补植针叶树,虽然也是可以的,但存在一个针叶化的问题。人工栽植栎类幼苗也是可以的,但存在一个成本问题。我们建议,人工促进林下阔叶树幼苗出现,特别是促进栎类幼苗出现。这样做是可以成功的。问题是,人工栽植的栎类幼苗,不要剪除主根(图3-53)。对于太小的栎类矮林,则可以疏伐幼苗,等形成杆材时,再选择目标树加以培育(图3-54)。

图3-52 中林栎类矮林的人工补植实验(栽植针叶树)

图3-53 人工补植栎类幼苗（问题是栎类幼苗的主根被剪除了）

图3-54 其实在栎类林下天然小苗可以生长

（2）四合永林场栎类中林经营的教训

天然阔叶混交林，7栎3桦（蓄积组成），林龄60年，28株/亩，郁闭度0.4，平均胸径22.5cm，优势树高15m，亩蓄积量5.9m³。林下更新树种有蒙古栎、油松、五角枫和云杉，更新密度70株/亩。

2010年以来进行了两次抚育间伐，第一次2014年抚育间伐；2019年秋季再次进行了抚育间伐，株数强度32%，蓄积强度19%，伐前郁闭度0.6。

经营目标：提高林分质量，生产优质中大径材；人工促进天然更新，构建优质实生二代林。

经营措施：①抚育间伐清除质量残次的萌生个体，保留冠形圆满、树干相对通直、无病虫害或损伤的优良个体；②蒙古栎桦树混交，优先保留质量较好的蒙古栎，伐除桦树先锋种；因桦树比例较小，当蒙古栎质量较低、无培育前途或桦树不影响蒙古栎时，要注重桦树的保留和培育，保持多树种混交状态；③选择优质蒙古栎个体作为种源母树重点培养；④建立更新对比样地：样地一郁闭度降至0.4后，进行割灌、破土和架设围栏，促进天然更新形成；样地二郁闭度降至0.4以后，只架设围栏，不采取其他措施；样地三小面积皆伐，皆伐后条状播种（行距1.5m），架设围栏；⑤及时为实生更新幼苗折灌和扩穴，并根据生长需要清除上层林木，增加透光，以保证更新苗木健康生长。

这片林子看起来还算可以，但实际上与它原本应有的生长状况差很远。把这个问题提出来，是让大家知道天然次生林及时经营的重要性。不及时经营造成的隐性损失，往好里看，就像这片林子一样，往坏里看，它就会变成稀树荒坡。下面是经营良好的栎类林分，搁在这里是为了对照。我们的经营目标就是应当达到这个水平（图3-55、图3-56）。

图3-55　经营良好的栎类异龄林分

图3-56　欧洲良好经营的栎类，是我们学习的样板（图片：Yves Ehrhart, Heinrich Spiecker）

以下是四合永林场的栎类林分,在几十年前缺乏了疏伐。它的特点:一是每棵树的树冠都很小或者基本没有;二是主干材并不通直;三是按照林龄计算,它们生长都较慢;四是几乎每一棵树都是萌生起源的;五是有一些树木的主干上长满了丛生枝。这个后果还算是比较好的,最差的时候,林分演变成了稀树草坡(图3-57~图3-60)。

图3-57　木兰四合永林场的栎类中林混交林

图3-58　木兰林区四合永林场的栎类中林

图3-59　欧洲栎类专家到现场评论此处栎类林

图3-60　四合永林场这处栎类中林很有代表性

（3）燕格柏林场的萌生栎类老龄矮林经营

燕格柏林场的栎类矮林，林龄63年，密度89株/亩，郁闭度0.7左右，平均胸径13.4cm，平均树高9.8m，亩均蓄积量5.2m³。

林下更新情况：天然实生，350株/亩，平均高15cm。道下为对照区，没有进行过抚育作业，密度

127株/亩，郁闭度0.9，平均胸径11.6cm，平均树高9.5m，亩均蓄积量5.3m³。林下更新栎类，天然实生，125株/亩，平均高10cm。

经营历史：道上抚育区2013年疏伐，株数强度13.4%，蓄积强度2.8%。

经营目标：改变起源，提高林分质量。

经营现状：多代萌生，林分衰败，已经没有培育价值。计划实施小面积皆伐转化，通过人工促进天然更新、人工补植等措施达到改变起源，二代林培育优质混交林。

首先应当指出这是老龄矮林，早已停止生长。其次应当指出，对这种林分，已不是保护的问题，而是应该建立更新层。应当疏伐，透光，让种子发芽，幼苗成长起来（图3-61～图3-66）。

图3-61 燕各柏林场的老龄栎类林分（一）

图3-62 燕各柏林场的老龄栎类林分（二）

图3-63 立木已经停止生长

图3-64 燕各柏林场的老龄栎类林分（三）

图3-65 燕各柏林场的老龄矮林（一）

图3-66 燕各柏林场的老龄矮林（二）

图3-67 燕各柏栎类老龄矮林的经营（疏林、修枝等，等待林下实生苗出现）

天然栎类经营中也充满了育林新理念。首先，对于栎类矮林、中林的经营，是按照近自然的方法进行的。主要是通过疏伐，腾出空间，让栎类种子发芽，个别的地方也允许人工补植幼苗，总之是促成实生林层的出现。

四合永林场那片栎类，是一个教训，目前是林龄60年左右，栎类多为萌生，主干材弯曲，基本没有树冠，其生长原本应当更快。主要是当年错过了最佳经营期。如果是在最佳经营期进行林型转变，其中的栎类生长应当很好。

燕柏格栎类老龄林的经营也是遵从近自然的转变方法，主要是疏伐上层林木，腾开空间，让土壤种子发芽生长，目前还只能做到这些。相信今后实生林层会生长起来，从而逐步替代栎类老龄林（图3-67）。

这些理念都体现了近自然育林理念、树木起源理念(区分矮林、中林和乔林)、林分转变理念、天然次生林的近自然转变、林分更新理念、目标树理念、林分发育阶段理念、树种理念、树木生长周期理念、增值资源与贬值资源理念和恒被林理念。

3 落叶松—白桦混交林的近自然经营

在木兰林区，也存在很多白桦与落叶松混生的情况。对于这类落叶松—白桦林，一是白桦是喜光先锋树种，前期生长快，两年后树高就能超过1m，因此灌草对其影响较小；二是白桦树干比较通直，侧枝少；三是生长速度快，中小径材产量比较可观。

落叶松和白桦都是喜光树种，如果进行株间混交，则会产生激烈的竞争，特别是萌生起源的白桦和落叶松混交时，很容易对落叶松幼树形成压制，致使落叶松逐渐衰弱甚至死亡；而正常生长的落叶松一旦进入高速生长期后，后劲十足，又会对萌生白桦生长产生抑制。经过相互影响，二者都生长不良。在经营中应尽量避免落叶松—白桦株间混交（图3-68）。

因此落叶松—白桦混交林的经营，一是应当群块状混交或团状混交林，避免株间混交；二是对现有株间混交林，根据当前落叶松、白桦具体分化状况，采取疏伐的方式，促进其向团状、块状混交发展。

图3-68 白桦与落叶松的株间混交

株间混交：在白桦林采伐迹地上栽植的落叶松和采伐迹地上萌生的白桦，形成株间混交林。此阶段林分没有郁闭，相互之间竞争较小，主要的工作重点：一是如果落叶松数量很少（数量达不到成林要求）或不适地适树，同时萌生白桦质量残次，此时就要重新进行人工更新，直接引进适生树种。二是如果落叶松、白桦生长的都很好，这时要通过折灌、割灌，控制灌木和矮林生长，对落叶松周边萌生的白桦萌条进行折断，防止其影响落叶松的生长。三是在幼树阶段，林龄较小，有改造空间，应明确每个区块的目的树种，形成块状混交。

总体育林方向是降低株间混交，促进群团状混交。此阶段需要保持较高密度，促进良好干形的形成。必要时可以进行适当的透光管理，透光时机和强度根据林分实际状况（自然整枝情况和高径比大小）。此阶段要尤其注意避免形成不良种间竞争，因萌生白桦生长较快，很容易对落叶松生长构成威胁，因此要及时清除影响落叶松生长的萌生白桦。

符合目标树经营要求的优先选择目标树经营，培育优质大径材；林分质量残次（大多为多代萌生林木或树种不适地适树生长不良），基本没有生长量，可以转变成其他林分。

到径级阶段后期，白桦基本达到收获年龄，此时需要对林分内的白桦进行收获，同时加大落叶松的疏伐力度，为天然更新创造条件，同时辅以破土、割灌、封育等措施，促进落叶松林下天然更新。

带状混交：人工栽植落叶松纯林带，培育天然更新白桦林带。一般落叶松带宽30～50m，栽植密度控制在2m×2m或2m×1.5m均可；白桦带宽20m左右（图3-69）。

块状混交：落叶松块和白桦块交替比邻，可结合造林地块的小地形进行，造林可参照带状混交密度。

落叶松很难形成有效更新，一般采取直接人工植苗。在有种源或采伐迹地上白桦天然更新能力强，通过人工辅助更新措施能有效促进天然更新，基本更新苗木数量能满足建林需求。当实生苗数量较多、质量较好时，也可以保留使用。

图3-69　经营方式之一：人工落叶松、天然白桦带状混交

群团状混交林：白桦生命周期较短，收获较早。在白桦达到收获标准前20年，首先对白桦群团进行更新建群，更新完成后，对白桦进行收获利用。待落叶松群团达到收获标准前20年，再对其进行更新建群，更新完成再收获利用。这种方式需要采取块状收获的措施，即更新一块收获一块，适宜构建异龄复层群团混交林。

落叶松—白桦混交经营，同样遵从了近自然的理念。它按照树种的特性引导树木发育，主张规避落叶松和白桦的株间混交，而主张带状混交或块状混交，从而规避了树种间的生长冲突。

4　白桦矮林的近自然经营

在木兰林区，白桦矮林是一个重要林型（图3-70）。对此类白桦矮林，一般是在原有萌生白桦基础上加以抚育，或者对于过密的白桦林进行疏伐，或者对于过多丛条应抹掉。总之基本上是利用一个原有白桦矮林，让其继续生长，以生产中大径材。等待皆伐或者疏伐时，促进林下生成实生苗，并借以转变成实生林（图3-71～图3-74）。

图3-70　白桦矮林的经营试验区

图3-71　萌生的白桦林，此种林分寿命较短，不能成材

图3-72　萌生的白桦林，此种林分寿命较短，难以成材

图3-73 经营的白桦林,选出目标树

图3-74 疏伐的白桦矮林

这里，白桦林也是近自然经营的。首先是疏伐白桦林，较均匀地保留萌生树，让其继续生长，等待较大径级时，再逐步伐除。在这个过程中，等待其他实生林层出现。这是一种极为顺应自然的做法。

5 山杨林的均质经营

所谓均质经营，就是全林统一经营，对每一棵树都一视同仁地处理。在木兰，这也是一种类型。木兰实际上对山杨、部分落叶松人工林等是做了均质经营的处理。

山杨（*Populus davidiana*）为杨柳科杨属的落叶乔木，高可达25m，分布广泛。在中国黑龙江、内蒙古、吉林、华北、西北、华中及西南高山地区均有分布，垂直分布自东北低山海拔1200m以下到青海海拔2600m以下，湖北西部、四川中部、云南在海拔2000～3800m。多生于山坡、山脊和沟谷地带，常形成小面积纯林或与其他树种形成混交林（图3-75）。

山杨为强阳性树种，耐寒冷、耐干旱瘠薄土壤，在微酸性至中性土壤皆可生长，适于山腹以下排水良好肥沃土壤。天然更新能力强，在东北及华北常于老林破坏后，与桦木类混生或成纯林，形成天然次生林。根萌、串根能力强。难成大材。

图3-75 山杨林分

山杨木材白色，轻软，富弹性，比重0.41，供造纸、火柴杆及民房建筑等用；树皮可作药用或提取栲胶；萌枝条可编筐；幼枝及叶为动物饲料；幼叶红艳、美观，可供观赏。

由于山杨的木材价值很低，一般来讲其经营技术路线采取下层抚育方式即可，间密留稀，去劣留优，最终培育中小径级木材。如果想培育径级稍大一些、材质更好一点的木材，也可以按照目标树育林的方式进行（图3-76）。

由于山杨不属于长寿树种，林龄过大后木材容易出现心腐，所以一般将山杨的目标胸径限定在50cm以下。在终伐前20年，要提前考虑林下更新的问题，以促使二次建群。山杨多数是以串根的方式进行更新。此外，对林分中的珍贵树种，如五角枫、花楸等要加以保护，保留生物多样性，达到了目标胸径以后，就可以进行采伐。

山杨萌生能力强，通过天然下种实现实生更新的能力较差，基本不能实生更新。在二代林建群过程中，控制萌条的生长非常重要。对于串根萌生的山杨可以通过断根的方式，切断横向生长的根，促进植株幼化，这样能有效提升树木生长活力。山杨人工造林的初植密度一般控制在1.5m×2m或2m×2m，公顷株数控制在2500～3333株。以下山杨林分质量较差，必须予以经营，一般是疏伐掉干形较差的，培育新植株（图3-77、图3-78）。

图3-76　山杨林树干通直，长势较好，短期内能培育中小径材

图3-77 较差的山杨林

图3-78 适于转变经营的杨树矮林（杨树乔林）

山杨的均质经营是一个比较罕见的情况。山杨生长比较一致，这样处理，也是一种尊重自然的做法。

6 落叶松人工林的近自然转变

在理论部分，我们已经讲了人工林如何转为天然化，我们称之为"逆向转变"。因此，讲天然林的经营，也不可缺少了这一块。

这里，我们较详细地讲述木兰林场的人工林天然化经营这一个成功案例。

（1）原有的落叶松人工林

工业原料林，传统上采取农业方式。但是，适当引用一些近自然的方法，会产生降低投入、提高产出和改善生态环境的效果。今后，对于一般性的人工林，推荐"以目标树为框架的全林经营"的人工林模式。

木兰林区的落叶松人工林，占有很大比例。这些人工林，全部没有经营，全部密实，枝丫很多，临近死亡，只有树梢还是绿的（图3-79～图3-81）。

图3-79 原有落叶松人工林（纯林、密实、枝丫只剩梢头有绿色）（一）

图3-80 原有落叶松人工林（纯林、密实、枝丫只剩梢头有绿色）(二)

图3-81 原有落叶松人工林（纯林、密实、枝丫只剩梢头有绿色）（三）

（2）落叶松人工林的近自然转变

木兰林区的龙头山落叶松人工林经营，是人工林经营最成功的样板。围绕目标树开展全林经营。经过几次疏伐，林分密度疏开，树木的生长活力被重新激发出来。疏伐围绕选定的目标树而开展。对于那些非目标树，只要不影响目标树的生长，仍留存下来，让其继续生长，但一样进行修枝。

2013年开始的疏伐，迄今已经7年，林分状况发生了天翻地覆的变化。参见图3-82～图3-89。

龙头山落叶松人工林，今后的去向是：每隔5年左右进行一次疏伐，每疏伐一次，砍出质量更好一些的原木。大约到林龄60～70年的时候，由于林分密度很低，估计林下的天然更新层已经很丰富，有些已经长成为细杆材或者杆材，到那时再对更新层进行适当的疏伐，同时砍除一部分目标树。到林龄80年以及80年之后，全部砍除目前的目标树，更新为天然林。估计这一天然林层，仍以落叶松为主，夹杂其他阔叶树种。在欧洲，落叶松的经理年龄为120年。第二个经营期之后，面对的就是一处近天然林了。

图3-82 木兰林区落叶松人工林"以目标树为经营框架的全林近自然经营模式"

图3-83 落叶松人工林的目前现状

图3-84 疏伐中的落叶松人工林

图3-85 落叶松林下已经出现了天然更新层

图3-86 落叶松林内已经出现的天然更新层

图3-87 落叶松人工林内出现的天然更新层

图3-88 在落叶松人工林内合影留念

图3-89 最终形成这种异龄混交林（永久性森林）

整个过程，木材生产并未减少，反而增加了大量的优质大径材，据推算，80年间每公顷可以增产圆木243m³。林场的收益更加可观。

人工林的近自然转变，也是我国的一个现实问题。我国的人工林占全国森林总面积的40%，其中大部分都属于水源涵养林、水土保持林等生态防护林，均需作永久性保留。这样，就存在一个向近自然森林转变的问题。因此，该项实验具有现实意义。

五 流域的统一经营

现在，国家倡导山水林田湖草沙统一治理。这其实是对于生态恢复的基本要求。这个问题落实到林业上，主要是要把那些林分不连贯的林区连贯起来，并且统一作业。

木兰林场在这方面做了成功的尝试，同时流域经营也充分体现了森林景观优化和恢复的思想，通过从整体上优化树种配置、林龄构成和林层结构，提升景观质量。

在实际营林生产过程中，一般是按照生产任务项目的不同，分门别类完成各类生产规划设计方案，后进行实施。为便于上述的规划设计，通常各生产单位都要根据立地条件、林分特点等因子的不同，将森林资源划分为大小不等的小班。在作业设计时以小班为单元进行，最终将任务项目相同的小班统计到一个设计方案内，如造林方案、抚育方案、封山育林方案等等。以小班为单位进行规划设计和组织生产，具有设计精准、便于操作的特点。

但是单纯以生产任务的异同进行规划设计，指导生产，存在着弊端。按照某一作业任务进行规划设计时，相邻的作业小班之间由于立地条件或林分类型不同（如果相同的话就可能合并为一个小班了），往往设计任务不同，而相同作业任务的小班往往又是不在一块儿，小班之间的距离甚至非常远，所以形成了同一任务不在同一区域分布，同一区域的任务不在同一方案中体现，同一区域的任务也就不在同一时间实施。另外单纯从作业任务的角度去规划生产任务，对相邻的小班几乎不去考虑，长此以往，就造成了对林地管理缺乏完整性，造成林地经营支离破碎，对森林经营管理出现盲区，经营管理不及时。

鉴于这种情况，木兰林场提出"流域经营"的生产布局模式，即把流域作为一个大的作业单元，按照"整体经营、综合设计、集中作业"的原则，以小班为单元，逐沟逐坡进行设计作业，对流域内不同林分、不同经营类型，采取"宜造则造、宜抚则抚、宜转则转、宜封则封"的方式，实现流域经营的一次性全覆盖，这样有效降低了生产经营成本，大幅提高了经营效率，充分发挥了林地的生产力。

目前，全局共规划出3000亩以上的流域50个，涉及林地面积50万亩以上。已经形成的标准流域10个，综合治理林地面积10万亩以上，流域内林相优美，路网通达，森林的生态功能日趋完备。如图3-90～图3-94、表3-1所示。

图3-90 木兰林场的流域经营布局

图3-91 经营前支离破碎的流域（一）

图3-92 经营前支离破碎的流域（二）

图3-93 沟塘造林

图3-94 流域经营效果

表3-1　木兰林场流域规划统计

分场	面积（hm²）	保护区占比（%）	完成比例（%）	列入本经理期比例（%）
四合永	1043	0	100	100
新丰	4461	0	26	26
八英庄	1944	0	100	100
山湾子	9423	0	100	100
龙头山	4135	0	100	100
北沟	3495	0	100	100
桃山	7245	49.3	59.1	50.7
孟滦	7656	11.3	59.3	59.3
燕格柏	8196	71	42.4	29
五道沟	5980	17.9	82.1	82.1
种苗场	2568	0	100	100

六　经济效益对比

总体来讲，天然次生林转变经营比皆伐式经营，每亩多收获1.944m³。出材率按70%，净利润按300元/m³计算，多收入32945元，每亩比皆伐多收入408元。

落叶松人工林的每40年皆伐，两个轮伐期共可生产木材403m³/hm²；80年近自然转变可生产木材635m³/hm²，多获得蓄积量243m³/hm²，占48.2%。

皆伐经营总投资：13.4万元。总收入：国内中小径材市场价基本为650元/m³，计650×411=26.7万元。总利润：26.7–13.4=13.3万元。

近自然经营总投资：1.3+0.3+3.4+15.6=20.6万元。近自然经营总收入：中小径材650元/m³，大径材借鉴德国市场行情，基本为中小径材的6~20倍左右，因此我们以6倍进行计算。166×650+312×650×6=132.5万元。总利润：132.5–20.6=111.9万元。

无论什么情况下，近自然经营都比传统经营成本降低很多，收益增加很多（表3-2，表3-3）。

例1　皆伐与转变经营的经济对比：大阴坡皆伐和转化比较

林班/小班：123B/21-1。作业时间：2015年。

林分概况：面积80.7亩，树种组成为4白4黑2杨+栎，林龄55年，密度为32株/亩，蓄积量为4.997m³/亩，平均胸径为18.9cm，优势树高为17.8m，林下有五角枫、蒙古栎、白桦、山杨更新，密度约为50株/亩。

经营情况：2015年进行疏伐作业，伐后密度为26株/亩，蓄积量为279m³，伐后平均林龄为55年，平均胸径为17.6cm，优势树高为16.5m。共采伐林木124m³，产材94m³，木材销售金额为59600元，2015年在林冠下进行造林，投入26160元、幼抚4次、破土人工促进天然更新1次。

比较分析：经济效益，转变经营比皆伐作业，每亩多收获1.944m³。出材率按70%，净利润按300元/m³计算，多收入32945元，每亩比皆伐多收入408元。

表3-2 总成本计算

作业方式	作业面积（hm²）	采伐蓄积（m³）	产材数量（m³）	木材收入（元）	成本合计（包括造林、幼抚）（元）	木材成本（元）	造林投入（元）	幼抚投入（元）	破土投入（元）	剩余蓄积（m³）
转变作业	80.7	124	94	59600	65772.54	25245	22773.54	12912	4842	279
皆伐作业	80.7	403	305.5	193700	150875.28	82046.25	55917.03	12912	0	0

表3-3 转变经营剩余蓄积量生长

林龄（年）	当前蓄积量（m³）	生长率（%）	剩余蓄积（m³）	收获蓄积量（m³）
60	279.000	0.041	341.081	102.324
65	238.757	0.036	284.941	85.482
70	199.459	0.036	238.041	71.412
75	166.629	0.036	198.860	198.860
合计				458.079

生态效益，转变经营比皆伐作业多生产156.887m³，合1.944m³/亩，按每立方米蓄积每年固碳1.83t，释放氧气1.62t计算，可固碳287t，释放氧气254t；每亩林地每年吸尘4.2t，80.7亩可吸收339t。1亩有林地比1亩无林地多蓄水20t，80.7亩共可蓄水1600t。

例2 落叶松人工林两种经营方式的经济效果比较

①前期经营

路西片3个林班总面积266hm²，林龄41年，1983—2013年进行过3次疏伐，消耗蓄积量96m³；获得出材量：96m³×80%=77m³。

路东片5个林班总面积298hm²，林龄41年，1983—2013年进行过2次疏伐，消耗蓄积量83m³，获得出材量：83m³×80%=66m³。

②森林现状

路西片：单位蓄积量156 m³/hm²，密度570株/hm²，平均胸径22.3cm，平均树高16.9m。

路东片：单位蓄积量160 m³/hm²，密度645株/hm²，平均胸径21.5cm，平均树高16.1m。

③林木生长效益预测

林龄47年，全林保留株数450株/hm²。路西片伐除蓄积量120株×0.312（平均胸径24cm落叶松的立木材积）=37m³；路东片伐除蓄积量195株×0.2816（平均胸径23cm落叶松的立木材积）=55m³。公顷保留蓄积量西片450株×0.3443（这是平均胸径25cm落叶松的立木材积）=155m³。东片蓄积量450株×0.321（这是平均胸径24cm落叶松的立木材积）=144m³。

林龄55年，全林保留株数360株/hm²。伐除蓄积量90株×0.5342（这是平均胸径30cm落叶松的立木材积）=49m³。公顷保留蓄积量360×0.6241（平均胸径32cm落叶松的立木材积）=225m³。

林龄62年，全林保留株数300株/hm²。伐除蓄积量60株×0.829（平均胸径36cm落叶松的立木材积）=50m³。公顷保留蓄积量300×0.944（这是平均胸径38cm落叶松的立木材积）=283m³。

林龄70年，全林保留株数240株/hm²。伐除蓄积量60株×1.2469（平均胸径42cm落叶松的立木材积）=75m³（其中含有30cm大径级木材21m³）。公顷保留蓄积量240×1.3722（这是平均胸径44cm落叶松的立木材积）=329m³。

林龄80年，全林保留株数190株/hm²。伐除蓄积量50株×1.8687（平均胸径50cm落叶松的立木材积）=93m³（其中含有40cm大径级木材29m³）。公顷保留蓄积量190×1.9846(这是平均胸径52cm落叶松的立木材积)=377m³。

林龄90年，终伐可获得蓄积量190株×2.287m³（平均胸径58cm落叶松的立木材积）=434m³。出材434m³×90%=391m³（其中含有50cm以上特大径级木材193m³、36cm以上大径级木材102m³）。

树龄40年胸径48cm的落叶松人工林连年生长率：14.98%。

④结论

常规经营40～45年林龄皆伐：一次可获得蓄积量252m³。两次经营80～90年可获得蓄积量504m³和403m³出材（504m³×80%=403m³）。

近自然经营，90年可获得立木蓄积量为疏伐313m³，终伐434m³，总计747m³（这是中间疏伐出去的蓄积量和终伐蓄积量的总和）。可获得出材：747m³×85%=635m³。

近自然经营比常规经营多获得蓄积量243m³，占48.2%；多获得出材171m³；占57.5%。

常规经营只能收获中、小径木材，而近自然经营可获得4m材长，小头直径30cm以上的大径级木材约150m³，4m材长，小头直径50cm以上的特大径级木材约190m³。大径级和特大径级木材占出材比例的57%。

近自然经营的森林在林龄70年时已经开始了二次建群的冠下更新，不会造成生态功能的间断。而常规经营的皆伐不仅会造成生态功能的中断，还增加了一次造林和未成林抚育成本。

近自然经营在造林25年第一个收获期开始后，每间隔7至8年都会有不间断的收益，而且会一直继续下去。终伐后，20年前冠下更新的二代林8～10年后又可实现收益。常规经营收益低下，间隔过长，一般要25～40年，而且不可持续。

包括油松在内，木兰林区有很多松类人工林，主要的是落叶松，基本上都进行了经营。以龙头山种苗场的落叶松人工林为经营最好。

人工落叶松，林龄48年，21株/亩，平均胸径32.1cm，平均树高23m，蓄积量13m³/亩。2013年进行抚育作业，株数强度12.5%，蓄积强度7%。经营目标是提高林分质量，培育优质大径材（胸径

60cm）；二代林建群形成多树种混交，增加生物多样性，提高生态功能。

经营措施：①选择树冠丰满、干形通直、无病虫害和损伤的主林层健康优势木作为目标树，株数为105株/hm^2，相邻目标树间距10m左右；②对选定的目标树进行标记、修枝，同时伐除干扰树，为目标树创造生长空间，一般经营间隔期为5~7年。

七 人力资源的开发

1 极好的案例，缺乏人力的教训

在推行近自然育林的行动中，曾经发生过一件十分遗憾的事。那是在20余年前，哈尔滨市林业局就坚持采用近自然育林技术，培育森林资源。他们不搞皆伐，通过间伐、补植等抚育、更新活动，促进森林质量提高。立木生长量由年公顷2.3m^{3}提高到了6.2m^3，11年内平均公顷蓄积量增加了58.5m^3，平均公顷蓄积量达到了136.4m^3。大面积的残次林，转变成了以黄波罗、水曲柳、核桃楸、椴树、红松等东北著名树种为建群树种的混交林，残破林相消除，生态功能修复，可持续机制形成，碳汇能力剧增。

以平均贴现率10%计算，近自然经营模式的净现值达到每公顷1.97万元，是常规商品林经营模式下每公顷1.04万元的1.9倍，是常规公益林经营模式下每公顷3977.68元的4.9倍。社会效益方面，提高了职工的生活水平，实现职工收入连续11年年均增长11%。与经营前（1997年）相比，截至2008年底，项目区在职职工人均年收入已从4900元提高到近1.6万元，短短11年提高了2.2倍、年均增长超过11%；退休职工人均年收入从7974元提高到2.17万元，同期提高1.7倍、年均增长11%。随着各项经营活动的开展，创造了大量的就业机会，林场面临的不是人找岗而是岗找人的用人需求。项目区500多名职工人人有岗有收入，而且每年还为周边780多人提供了劳动就业机会，使他们人均年增收入4000元左右。

改善工作条件。项目区对原有的办公条件和生产条件进行了改造，在投资基础设施建设的同时加大了对固定资产的投入。先后新建了场部办公楼3栋、综合服务楼2栋。

带动了森林旅游业发展。1999年丹清河林场建立省级森林公园，2003年晋升为国家级森林公园。2008年，丹清河国家森林公园共接待国内外游客2万余人，创造利润60万元。

这是一个极好的森林经营案例。国家林业局2009年在此组织召开了全国示范会，可惜由于主要讲述人临时抱恙，别人又不能讲解，示范会未能很好地召开。此事极为遗憾，根本的教训是掌握技术的人员太少。

2 对木兰的教训

木兰林管局充分接受了这个教训，从一开始就把森林经营探索这件事作为全局的事情。他们发动全局各林场参与，经常邀请他们参加研讨会、交流会，也经常组织现场交流会，到各林场现场交流。参见图3-95。

图3-95　木兰职工内部培训

如此一来，木兰林场形成了全局的森林经营氛围，涌现出了一批又一批的技术人员。现在，木兰已经拥有技术职工200余人，达到了各林场可以自行开展新式的森林经营活动。

图3-96　木兰青年人应邀在山西交口县进行天然次生林经营指导

外省也邀请木兰的年轻人前往帮忙。例如，哈尔滨市林业局、山西省交口县林业局、云南普洱林业局、宁夏六盘山市林业局等多个森林经营单位特别邀请木兰的林业技术人员到实地介绍木兰的经验做法，现场演示目标树选择、挂号调查等先进技术。木兰已经成长起来了一支技术团队。这个团队，全部都掌握本书所列的理论基础（图3-96）。

Part 4

第四部分

交口县育林精要

一 说 明

这是一个把扶贫攻坚建立在森林资源经营之上的计划。这个计划极具创新性,它有林业理念、经济模式等多方面的探索,从深层次来说,它是在注解"两山理论",就是探索"绿水青山就是金山银山"的实现途径与模式。

森林资源的发展,是一个永续、长期的过程,而扶贫工作,又有在数年之内应达到的目标。本计划旨在探索把短期产出纳入百年尺度的森林周期中,这本质上是要创建以森林为基础的新发展模式。这个思路,符合交口县的发展理念:雄峰之畔,物藏天地,统筹各类要素,建设幸福新交口。

交口县总面积1258km², 人口12.47万,其中贫困人口约占20%(23840人),贫困发生率25.2%。前几年还有几万人年均收入3000元左右,2018年前后,也只是年均收入5000元上下。几百年来,在交口这块地方生存的农民,能够依靠的资源只是40多万亩农田,而全县135万亩林地资源与当地群众的生存和地方经济振兴,迄今为止都没有直接的关系。因此,交口的群众其实是在一个不合理的发展逻辑内生存着。

交口全县的林业用地,基本由两个国有林场管理(农民手中的天然次生林很少),一个是本县直属国有林场,一个是省属国有中心林场。这样的情况下,当地的群众无从关心他们身边的森林资源,而按照传统的发展模式,他们也不能从森林中获取森林资源增长或经营的收入,这比农田面积大3倍多的森林资源,究竟应当如何参与到本县群众的脱贫致富和交口县的经济社会发展之中呢?本计划的终极目标,就是试图扭转这个传统的逻辑,探索出一个让当地群众,通过直接参与到当地国家森林资源的经营中,迅速地减少贫困,并同时也奠定地方经济与社会长远发展基础的路径。

从森林资源发展来讲,本计划有别于传统的林业发展理念。它遵循树木起源与生俱来的禀赋差异,设计精准经营方案并获得不同产出。而这样的经营过程,恰好也就是让森林在一个长周期内才生成木材的同一个过程,每年都生长出短期可以利用的散碎木质生物质(物料生产),用于农业上的食用菌培育(或用作其他原材料)。而这些物料,过去是从来没被纳入森林经营视野的,即便收获和处理这些物料,恰好又是森林抚育本身的作业内涵。

天然次生林99%的生长期内都可产出此类物料,而优质用材产出只是最后一段时间。人们的传统思维是只等待这最后一两年获得优质用材收入,所以一般人都说林业是"前人栽树、后人乘凉",但在大人没钱看病、小孩没钱上学的贫困情况下,这种一两代人才能受益的事业,对他们来讲,是不相干的。

这样的次生林经营目标和期待,对交口的地方发展,本质上就成了"扬短避长"的发展模式。然而这种"扬短避长"似乎从林学产生以来就是天经地义的。

然而,现在时代变了,背景变了,迫切需要新思维。

交口的栎类天然次生林经营，首次抚育作业，实际上平均每亩可产出各类物料1~2t，净价值不低于200元，用这些物料进行中间加工还可获得增值。这样的物料的生产过程，恰好伴生着优质森林培育的过程，这是两个相向延伸的过程。也就是说，现在我们把一个生产"废弃物"的过程，变为生产目的产品的过程，而这是同一个过程。从森林经营来讲，也还是把一个百年森林发展过程，变成若干个短周期（在本报告，我们把每5年视为一个物料生产周期），我们是在探索这样一种全新概念的森林经营模式。

本计划关于森林精准经营的定义是以下五层含义加两个维度：

——第一层含义：林分起源，首先区分是人工林还是天然林；

——第二层含义：天然林区分为演替较完善的天然林和质量较差的次生林；

——第三层含义：将天然次生林按树木起源（实生、萌生）区分为矮林（萌生林）、中林（萌实混生林）、乔林（实生林）；

——第四层含义：无论是哪种林分类型，都进一步区分为幼龄、中龄和老龄林；

——第五层含义：针对主要建群树种制定经营方案。

森林精准经营，要沿着这五层含义逐层深入，把经营对象精确到最底层，最后的方案是某一个林龄段的矮林、乔林或中林的经营。如果没有落实在这个层次上的经营方案，就谈不上"精准"。

本计划还从经营目标和经营周期两个维度上，确立了精准化：

——从建群树种优选的目标树的单株经营，同时对目标树之外的各类树木，也施加经营；

——在目标树的长周期经营的同一个框架下，再安排非目标树的若干个短周期经营。

经营理念是近自然经营，经营方法是近自然转变（就是主要利用自然力，必要时人工辅助）。

二 交口县森林资源概况

1 森林资源概况

交口县介于36°43'~37°12' N、111°03'~111°34' E之间，位于山西省西部的吕梁山脉中段，地处吕梁市最南端，与孝义、灵石、汾西、隰县、石楼、中阳等六县相接。东西最长距离46km，南北最长距离53km。

年平均降水量618mm。主要有林木和灌草丛两大类。森林覆盖率33.8%，林木绿化率56.6%。植物种类有139个树种、200种草本植物和200余种中药材资源。

境内有交口国有林场和交口中心林场（后者隶属于吕梁山国有林管理局）。

交口县国有林场现有林业用地21543.91hm^2，其中有林地11784hm^2，疏林地1692.3hm^2，未成林地331.7hm^2，灌木林地5107.58hm^2，无立木林地166.33hm^2，宜林地2462hm^2。森林覆盖率54.7%，林木覆盖率78.4%，活立木总蓄积量达到1238763m^3。每公顷立木蓄积量105m^3。

交口中心林场，林业用地面积45273.46hm²，占总经营面积的98.5%，非林地面积667.64hm²。林业用地中，有林地面积24387.23hm²；疏林地面积2067.67hm²；灌木林地面积11076.16hm²；未成林林地面积5161.7hm²；宜林地面积2550.85hm²；无立木林地29.85hm²。林场活立木蓄积量955523.8m³。每公顷立木蓄积量39m³。

2 主要森林类型

交口县主要森林类型分为：辽东栎天然次生林、大面积的灌木林以及少许的针叶人工林（主要是油松，合计不到10000hm²）。

对于占主体部分的辽东栎天然次生林，我们按树木起源划分类型，分为：矮林、中林、乔林。每一个类型，按年龄又分幼龄林、中龄林、老龄林。

实际上我们看到的有以下6种类型：幼龄矮林（模式：南沟底）、中龄矮林（模式：石灰峪）、老龄矮林（模式：康城）、中龄中林（模式：脑脑峪）、老龄中林（模式：神南峪）、中龄乔林（模式：脑脑峪），另有人工林和灌木林。

（1）辽东栎幼龄矮林

该林分样地位于交口国有林场南沟底废弃民居对面山坡——天保工程的96小班，为辽东栎幼龄矮林，正处于剧烈的自然稀疏期。林分中除了辽东栎，还伴生有白桦、山杨、丁香等其他阔叶树种（图4-1）。萌生树干多弯曲，没有树冠，立地土壤腐殖质较厚，枯落物容易分解。此类矮林面积大约占林场森林总面积的50%以上。

图4-1　辽东栎幼龄矮林

（2）辽东栎中龄稀疏矮林

该林分样地位于石灰峪（属于中心林场），其特点是萌生树非常稀疏，地表被灌、草覆盖，其实就是吴中伦在甘肃小陇山研究次生林发育中提出的浓密萌生林历经多次自然稀疏后出现的稀树草坡的情况，这是最坏的一种情况了。该林分稀疏，树干低矮、弯曲、分枝，萌生老树桩清晰可见［图4-2（左图）］。由于草坡被浓密的杂灌覆盖，制约了乔木种子与土壤的接触，难以演替成乔林，但林地肥厚［图4-2（右图）］。该林分类型是中心林场的主要森林类型，估计占50%。

图4-2　辽东栎中龄稀疏矮林及肥沃的土壤（石灰峪）

（3）辽东栎老龄矮林

该林分样地位于中心林场康城，为辽东栎老龄矮林。树木已经停止生长，立木干形扭曲，多粗壮分枝，林下可见死亡的幼苗。此类型的老龄矮林，中心林场有10000hm^2，参见图4-3。

幼苗不能成树的原因：①缺少光照；②牛羊啃食。

图4-3　辽东栎老龄矮林

(4) 辽东栎中龄中林

该林分样地位于脑脑峪341小班废弃农用台地上，属于中龄中林，也就是林分由萌生树和实生树混合组成。萌生树主要是栎类、桦树和山杨等，以辽东栎为主，有少量油松。林龄近40年，整体林相相对较好（图4-4）。

图4-4 中龄中林（左图为抚育后，右图为抚育前）

(5) 辽东栎老龄中林

该林分样地位于神南峪，为老龄中林，就是林分是由萌生树和实生树混生组成，萌生树以辽东栎为主，已进入衰亡期。萌生树绝大多数弯曲，老树桩可见，大量倒伏并且开始腐烂。山坡上因通风较好，枯死的萌生树尚未倒伏，约占20%，另有30%处于濒死状态，其他林木则属于实生林木（图4-5）。林下可见辽东栎、油松天然幼苗，但这些幼树存活下来的极少（图4-6、图4-7），其原因是郁闭度过高。

图4-5 交口的老龄中林

图4-6 辽东栎老龄中林（可见到油松已开始入侵）

图4-7 辽东栎老龄中林里的栎类幼苗

（6）油松人工林

交口县没有较大连片的人工林。零散发展的多为油松林，散布在沟谷两侧，目前林木已经产生了分化。

人工林都没有经营，经济、生态和景观效益都较差，参见图4-8。

图4-8 油松人工林

（7）灌木林

交口县两个林场的灌木林合计有16183.74hm^2。参见图4-9。除此外，还有疏林地、未成林林地、无林地、宜林地，矿区垦复后边坡造林，公路行道树改造等。

图4-9 交口县的灌木林

三 交口县栎类天然次生林经营方案

1 栎类天然次生林的经营目标、经营理念和完整流程

交口县栎类天然次生林的经营目标是将其培育成多功能、近自然的优质乔林，林分应具备较强的生态功能和经济功能，长久稳定，不间断覆盖地面，将来可单株择伐，实行天然更新加人工促进更新。经营方法是近自然转变，即主要借助自然力实现更新。

一处森林的经营，显然是要以现状为起点。这个当前起点，可能是幼龄林，也可能是中龄林或老龄林。图4-10展示了一处天然次生林（矮林、中林和乔林）从其产生，经过杆材形成阶段（即建群阶段），漫长的径生长阶段，到更新阶段的完整过程。以栎类实生林为例，从幼苗出现到胸径达到约60cm的培育目标大约需要100年，这时生产出的是中大径级的用材。在这个过程中，会不断地有各种规格的圆木、枝丫材、小径材、灌丛杂料等产出。

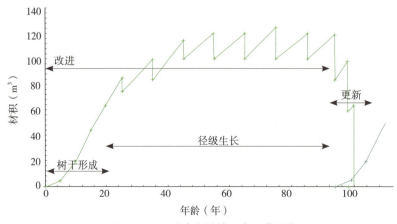

图4-10 天然次生林的一个经营周期

图4-10还在杆材形成阶段与径级生长阶段之间，穿插着一个目标树选择作业，但这项作业并不构成一个培育阶段。目标树选择作业是横跨在林分15～40年这个时期内的。在整个经营期内，是目标树支撑起了整个林分生态系统的长期稳定发展。目标树是按照均匀分布的原则选定的，都具备长成优质用材的潜质。被选为目标树的单株尽量为实生树，但树桩年龄不大、主干通直的萌生树也可以选留。除了目标树，林分生态位内允许其他树木存在，但原则是它们不影响目标树的生长，其他这些树木，可以稀疏，也可以致密，采收的树龄可长可短，只要有空间，林下也可以安排其他的栽培或养殖。

图4-10也包括一个更新阶段，也就是当支撑林分架构的目标树接近采收期（到80年）时就要安排林分更新。这种更新以天然更新为主，并加以人工辅助。为了更新，就要进一步疏伐以透进更多的阳光，比方我们提前20年安排更新，到100年采伐目标树时，更新的幼树也已经20年了，又到了选择目标树的时间。这样，永远保持林分的不间断。

我们的森林经营面对的可能是矮林、中林或乔林，以及它们的幼龄林、中龄林或老龄林阶段。如前所述，也发现了栎类乔林，林龄处于中龄阶段，后面将予以简述。下面分别给出这些类型的经营方法。

2 辽东栎矮林的经营

这里主要涉及幼龄矮林（南沟底）、中龄矮林（石灰峪）和老龄矮林（康城），这几个类型合计占各林场林分总面积的50%～60%。

（1）幼龄矮林的经营（南沟底）

交口县直属林场南沟底，面积5000亩，是一处典型的幼龄矮林，以栎类为主，兼有白桦、山杨等树种（图4-11）。由图4-12看得出，它们约为20年生，其中一部分已经枯死，说明正处于剧烈的自然稀疏期。

图4-11 栎类幼龄矮林，林分都是萌生树

图4-12 栎类幼龄矮林内部情况，绝大部分树木都已经死亡

对这样的幼龄矮林，经营办法是透光伐和卫生伐，即伐除枯死木，对剩余的立木进行疏伐。目的是改善树木生长条件，特别是卫生状况。保留相对较好的树木，不管是什么树种，也不管其起源，因为林分中可保留的树木已严重不足。这种疏伐会出现较大林窗，但林下很快就会出现天然幼苗，这也是把萌生林转变成实生林的机会。第二年或第三年，选择较好的实生幼苗，周边折灌，帮助其生长。

此种幼龄矮林，经过卫生伐、透光伐后，立木组成会有极大改进，保留的立木都可以健康生长，林分活力转强，林相显著改观，林分由此走上健康发育的道路。但是，应视情况在第二年和第三年春天发芽之前，对天然更新的实生幼苗和保留树再进行抚育。

必须注意的第一个问题，就是当保留木杆材细高时，疏伐后可能会出现弯曲。应对的办法是如果保留树的确有较大的培育前景，则把其周边的树木（包括灌木）作为防护树，但采取环剥办法抑制其活力。

必须注意的第二个问题是防止疏伐过度，形成的林窗被杂草侵占。所以，应尽可能降低疏伐强度，确实没有办法的情况下，对较大林间空地人工补植实生苗。

再是对这种大量萌条濒临死亡的情况，有效的办法是尽早处理，越晚难度越大。

矮林经营的"灵魂"是增加实生树，逐步替代萌生树。

（2）中龄矮林的经营（石灰峪）

石灰峪片区有一处栎类萌生林处于中龄阶段，并且十分稀疏（每亩林地上只有3~5株），不能构成主林层的林分（参见图4-13），而且这些萌生树干形扭曲、低矮、侧枝粗壮。其他的生态位均已被浓密的杂灌丛占领，任何实生苗都不可能存活。我们试图钻进去也很不容易。这种林分已无保护前景，必须进行"大手术"向实生乔林转变。

这片林分的现状,可能是原来的萌生矮林在头二三十年左右经过几次剧烈的自然稀疏后形成的。几次大力度自然稀疏,只剩下了少量萌生树,大部分生态位被杂草和灌丛占领。

经营的办法是利用其中的栎类萌生树作为下种树,人工促进,天然更新,实现林分重建。这些母树还可以局部遮阴和压制杂草,这是这些中龄矮林树木的主要作用。

在秋末或冬季橡籽掉落季节,沿等高线割除杂灌条带,带宽3~5m,间距6~8m。在带内沿等高线开水平浅沟,帮助种子掉落沟内发芽。在随后的头两年及时砍除带内新生的杂灌,对大树砍去主干(含主干)以下的侧枝。

石灰峪一带的这种稀疏中龄矮林,在转变过程中,数十年都不会有用材产出。但是作为食用菌培育原料,产量还是很大的,一般可达1~2t/亩。

图4-13　石灰峪样区的中龄稀疏矮林

(3) 老龄矮林的经营(康城)

康城是一片萌生辽东栎老龄矮林,全部树木都已经停止生长。这种老龄矮林的所谓保护,是一种人力、财力和土地的浪费。此种类型,仅交口中心林场约有1万公顷。现有的树木,还能产生种子。但是由于生长季节林冠较密,加上周边农民林内放牧,所以几乎一棵幼树也剩不下。这样的林分,属于老龄矮林,但因起源于萌生,其寿命较短,经营方针就是尽快建立更新层。更新的办法是人工促进加天然更新,主要措施是进行强度疏伐或开林窗。

疏伐以树木间能够有较多阳光透进为原则。开林窗以将来每亩能有8~10株实生树为准,也就是每亩开出8~10个林窗。林下或林窗内如果出现了实生小苗,要对其周边进行折灌,避免杂灌影响栎类幼苗生长,同时要设置围栏,隔断牲畜进入林内啃食幼苗。

在林下实生幼树生长,直到杆材形成阶段,都应进行抚育。抚育的主要措施:一是逐步疏伐上层老龄大树，逐步增加透进的阳光；二是不断地割除周边的新生萌生树及灌木，一直到实生小树形成更新层，再全部伐除老树。这个过程较长，难点是掌握对老树伐除的强度。强度不够，实生幼树不能接受足够的阳光，会死掉；强度过大，林下透进的阳光过多，会鼓励新生的萌生树、杂灌、杂草迅速生长，也会制约实生苗更新层的顺利形成。见图4-14。

以上实行天然更新的作业，实际也就是生产食用菌原料的过程。抚育形成的中大径级原木可以当用材来使用或销售，也可以削片，制作食用菌原料。

一次性砍伐老龄林，人工栽植实生幼苗，这是人们习惯使用的方法。这样做不可取，不属于近自然转变，成本较高，效果较差。

图4-14 康城的老龄矮林

3 辽东栎中林的经营

（1）中龄中林的经营（脑脑峪）

天然次生林，如果既有萌生树也有实生树，就是中林。脑脑峪的中龄中林约有6500亩，林龄40年左右，以栎类为主，兼有白桦、山杨及其他阔叶树种，也有少量油松。

在中心林场可见到相似的类型，就是树种比较复杂，树龄参差不齐，油松、落叶松、杨、桦、栎类等树种萌、实混生，也有人工补植的树木。此类林分也归中林类型，实行综合抚育，转变成以实生树为主的异龄混交林。

经营的主要方法是适度疏伐。疏伐的原则：一是降低林木密度，为目标树树冠发育拓展空间；二是尽可能减少萌生树；三是做必要的修枝。疏伐强度可在30%上下，过几年还可做进一步疏伐。具体见图4-15～图4-17。

图4-15 脑脑峪的中龄中林：抚育前林分原貌　　　　图4-16 脑脑峪的中龄中林：抚育后林相

图4-17 中龄中林：抚育伐后状态

这种类型的中林，经营原则是综合抚育，目标是逐步转化为优质乔林，其中不排斥夹带一些性状相对理想的萌生树。

（2）老龄中林的经营（神南峪）

所谓老龄中林，是说其中萌生树已经老化的中林。

辽东栎中林，是指以辽东栎萌生树和实生树为主的林分。其中实生树的寿命很长，萌生树的寿命较短。这种情况在中心林场的神南峪存在，参见图4-18。神南峪是一条宽阔的沟谷，沟底宽500～700m，两边是陡坡，陡坡上长满了辽东栎。这些沟坡上的栎类，约50%已经死亡或濒临死亡，只是还没有倒下。山顶分布着油松，油松正在利用栎类死亡、腾位之机，顺利地向坡下扩散。无论是沟底还是沟坡，都发现一些栎类小苗，但很少见到有能够长起来的栎类幼树。此类型在神南峪估计有1000亩。

经营的办法是清理倒伏木和已枯死的立木，对其余的立木进行修枝。如果由剩余立木组成的林分比较稀疏，则帮助幼苗长成幼树。幼苗并不缺乏，但能存活下来的不多，原因是它们缺乏光照，所以应对杂灌进行适度清理，或者折灌，没有小苗的地段，可以移栽现有林下幼苗（图4-19）。

由于油松天然扩散的能力很强，神南屿的坡顶已经被油松占领，半坡地段也可见到油松小树，这并非是坏事（图4-20）。这种现状将来可能会演变成松栎混交林，从生态角度看，还是松栎混交林比较好，它们混交在一起，林分相对稳定。如果追求松栎混交，就应尽早保护一些林下栎类幼苗，以利于其能够建群。

图4-18　神南屿的老龄中林：萌生树已死亡，实生树还在生长

图4-19　神南峪的老龄中林：抚育伐后的状态

图4-20　神南峪沟坡上的老龄中林：部分树木已经死亡，油松侵入

4　辽东栎乔林的经营

（1）辽东栎中龄乔林的经营（脑脑峪）

关于实生树木构成的乔林，理论上有幼龄乔林、中龄乔林和老龄乔林三个类型，但我们只在脑脑峪见到中龄乔林，其中尤以脑脑峪古树林往里的大山沟一带较多，约计1000亩（参见图4-21）。

图4-21 辽东栎中龄乔林（脑脑峪）

这片栎类乔林，可以被经营成辽东栎乔林样板，作为采种基地和乔林经营培训基地。

这片乔林的经营，主要是对较密地段进行疏伐，较稀疏地段进行充实（补植或培育天然幼苗），对树龄过大或质量太差地段培育更新层以及修枝等。作为种子园，树木必须健壮，树冠应圆满，为促进结实，要做一些特定处理。

四　经营后的林分生长

上述经营计划尚未完全落实，因此，只能通过模型，预估不同森林类型作业与未作业5年后林分蓄积量，并在此基础上计算林分5年内的生长率，其具体模拟数值如表4-1所示。

表4-1　天然次生林不同林分类型抚育与不抚育5年后生长动态　　　　m^3/hm^2

森林类型	未抚育			已抚育			
	当前蓄积量	5年后蓄积量	5年生长率	当前蓄积量	采伐蓄积量	5年后蓄积量	5年生长率
幼龄矮林	74.11	88.89	19.95	55.15	18.95	67.51	22.42
中龄稀疏矮林	55.28	67.34	21.82	35.94	19.34	44.26	23.15
老龄矮林	50.53	60.03	18.80	35.06	15.47	41.64	18.78
中龄中林	88.33	106.82	20.93	48.91	39.42	59.91	22.48
老龄中林	104.73	118.14	12.80	68.97	35.76	78.43	13.72

作业林分的生长率都有一定程度的提升，如幼龄矮林未抚育林分的生长率为19.95%，而抚育林分为22.42%，可提升2.47%。对于老龄矮林而言，更新样地和未更新样地的生长率相同。

此外，抚育林分5年后蓄积量与疏伐下来的蓄积量之和，几乎与未抚育林分5年后蓄积量相等。抚育的幼龄矮林5年后的蓄积量为67.51m³/hm²，当前作业收获的蓄积量为18.95m³/hm²，两者之和为86.46 m³/hm²，而未抚育的幼龄矮林5年后蓄积量为88.89m³/hm²。但是，作业林分的结构得到了调整，林分的生长率得到了提升，林分的生产、生态功能得到了不断提升。见图4-22、图4-23。

图4-22 脑脑峪中龄中林抚育产物

图4-23 脑脑峪中龄中林抚育效果

当然，交口的森林经营还没有完全落地，以上数据仅是根据相关数学模型的推算。

交口的森林经营效果，不能仅从蓄积量变化一个方面看。首先，交口的次生林，大部分都是萌生起源。这种林分，当处于自然稀疏期，无论如何保护，大部分树木都会死亡，最后沦落为无经营价值的稀树草坡，这时再经营就晚了。而及时经营则会利用这个基础，以较低的代价，在生态功能不间断的情况下，为最终转变成近自然的异龄混交林打下基础。

五 天然次生林经营的扶贫潜力

本节分析交口县天然次生林各类型经营的实物产出和价值。

1 天然次生林抚育的产物

天然次生林经营体系下的林分抚育产物，不是用材，它们一部分是杂灌条、细杆料、枝丫材等，一部分是弯曲材、弯头材、心腐材等。

少量可以算作圆木，可作木材加以利用，一般是在调整林分密度时采伐出来的。但是，对于食用菌培育，这些产物全部都是最理想的原材料（图4-24～图4-25）。

图4-24　各种天然次生林抚育产物（一）

图4-25 各种天然次生林抚育产出物（二）

2 物料产量和价值数据

以下数据是依据交口林分的六个典型类型实测出来的。各种类型的天然次生林，实际上第一次抚育，可以制作菌棒的生物质产量是很大的。按照传统的理念，次生林抚育很少能产出商品材，且几十年内不会产出用材。但按照本报告的理念，那些原无价值的产出物，实际上可以出售，制作食用菌培育的菌棒。1kg木质碎料可制作一个菌棒，1个菌棒价值3元。交口不同类型的次生林，抚育出来的产物不一样，第一次抚育一般为每亩1～2t。

（1）辽东栎幼龄矮林

适用的株数疏伐强度45%，蓄积疏伐强度25%。

抚育伐，每亩可产生菌棒原料2t。每吨这样的不分类原料，价值200元/t，销售总收入400元。合计可制作菌棒2000个。总价值0.6万元（菌棒目前价格3元/个）。食用菌产业可用这些菌棒培育食用菌，获得增值。

次生林综合抚育成本最低为每亩500元。这样，天然次生林抚育产出投入为：400元（产出）-500元（投入）=-100元。

这里的产出不包括立木蓄积量的增加（预测5年后新增立木蓄积量12.36m³），以及带来的天然林保护效果。

（2）辽东栎中龄稀疏矮林

适用的株数疏伐强度58%，蓄积疏伐强度36%。每亩产菌棒原料1.46t。出售原料价值：1.46t×200元/t=292元；出售菌棒价值：1460个×3元/个=4380元。每亩原料售价成本比：292元-500元=-208元；如果制菌棒，则每亩利润：4380元-208元=4172元。

（3）辽东栎老龄矮林

适用的株数疏伐强度39%，蓄积疏伐强度36%，每亩产菌棒原料1.4t。出售原料价值：1.4t×

200元/t=280元；出售菌棒价值，1400个×3元/个=4200元。每亩原料售价成本比：280元-500元=-220元；如果制成菌棒，则每亩利润：4200元-220元=3980元。

（4）辽东栎中龄中林

适用的株数疏伐强度43%，蓄积疏伐强度30%，每亩产菌棒原料1.83t。出售原料：1.83t×200元/t=366元；出售菌棒：1830个×3元/个=5490元。每亩原料售价成本比：366元-500元=-134元；如果制成菌棒，则每亩利润：5490元-134元=5359元。

（5）辽东栎老龄中林

适用的株数疏伐强度44%，蓄积疏伐强度34%，每亩产菌棒原料2.7t。出售原料：2.7t×200元=540元；出售菌棒：2700个×3元/个=8100元；每亩原料售价成本比：540元-500元=40元。如果制成菌棒，则每亩利润：8100元+40元=8140元

（6）油松人工林（注意：松类原料不能用于食用菌培育）

适用的株数疏伐强度40%，蓄积疏伐强度31%，每亩产菌棒原料3t。

出售原料价值：3t×200元/t=600元；

出售菌棒价值：3000个×3元/个=9000元；

每亩原料售价成本比：600元-500元=100元。

六 国储林、食用菌专用栎类矮林等计划

除交口县的天然次生林经营问题之外，还有3万公顷林业用地，主要是灌木林地、疏林地、未成林林地、无林地、宜林地、矿区垦复后边坡造林地等。

已知这些林业用地，存量分别如下：灌木林地16190.74hm²；疏林地3759.97hm²；宜林地5012.85hm²；未成林地331.7hm²；无立木林地196.18hm²；矿区垦复边坡造林地4600hm²。

此外，还有公路行道树经营改进。

交口县可以发展一些国储林，也需要一些专业化的食用菌专用矮林。这些计划，都将在这类林业用地上发展。有关发展计划将另行制定，这里仅提及发展原则。

国储林：主要应用辽东栎等数个本地优势乔木树种，计划发展20万亩。国储林主要培育优质用材，这是一个长期过程，在这个长期过程中，以及优质用材树木所不能占用的林分生态位，都可以兼顾食用菌原料培育而不影响目标树。

食用菌专用栎类矮林：栎类萌生能力强。这个树种栽植数年，根系长大后即可具有很强的萌发能力，而且可以长期反复砍伐。栎类矮林的速生期在头4～8年内，生产周期短。

计划利用灌木林地、疏林地以及宜林地，发展15万亩栎类食用菌专用矮林。

矿区垦复7万亩，实行乔木林加林下萌生林层，兼顾食用菌原料生产。

七 天然次生林经营的初步效果

交口县天然次生林实施森林经营作业后状况见图4-26～图4-28。

图4-26 交口县橡树公园大门口（图片：交口县林业局）

图4-27 交口县森林经营作业后状况（一）（图片：交口县林业局）

图4-28　交口县森林经营作业后现状（二）（图片：交口县林业局）

交口县天然次生林，不管属于哪种类型，疏伐后，林下都已经长出栎类小苗。如果是急需天然更新的林分，这些小苗就是雪中送炭了，它们只需几年即可形成细杆材，成为二代林。

图4-29是2021年5月拍摄的。

图4-29　交口县经营的天然次生林林下出现的栎苗（图片：蔚文龙）

八 传统森林经营理念的变革

根据《"十三五"国家战略性新兴产业发展规划》和《战略性新兴产业重点产品和服务指导目录（2016版）》，农林废物资源化、无害化利用是国家鼓励的一个重要发展领域。

结合交口县的实际，森林抚育产出物料是一种原材料、一种森林经营的目的产物。

交口县夏季天气凉爽，适合食用菌培育。这些物料恰好是支撑该县发展食用菌培育产业的基础原料，据预测，每年需要6000万个菌棒。而目前交口县的天然次生林经营，实际上几十年内的主产物一直是适合做菌棒的木质碎料。这一点恰好可以服务于农民的脱贫致富。按交口县有近10万hm^2天然次生林计算，则可连续不断地抚育和供应40年，加上经营专用灌木林等，交口县可发展一个稳固的食用菌产业。如果自己消耗不了，也可以出售部分菌棒，获得收入。

本计划开篇就指出过，交口县用40万亩农田发展经济，而百余万亩的森林资源游离于经济发展之外，这不符合"两山"理论。这也就是说，交口县的发展，需要探索科学利用森林资源的方式，并尽快转型。

用栎类原料培育的食用菌品质很好。项目组已经聘请了国内食用菌专家做技术顾问。发展食用菌面临着市场容量的问题，交口县利用夏季凉爽的气候资源错峰生产，是一个确保市场销量的良好思路；同样，依靠专家发展新特优品种也是一个思路，此外，还有食用菌深加工等。

我国的农业正在向功能农业时代转型。林业的背景也面临"两山"理论时代，"两山"理论是一个新型林业存在与发展的不可忽视的大背景。用40万亩农地养活12万人口，用百万亩山林构筑一个与传统林业相向进步的新兴产业。交口县隐约展现出了一个新的社会生产方式。

九 推广案例：内蒙古科右前旗蒙古栎经营实验

内蒙古科右前旗有约11.75万hm^2蒙古栎幼龄矮林。这些蒙古栎矮林林相都很差，平均林龄约为25年。这还仅是一个旗的面积，其他旗的矮林面积也不小。

针对这些资源，科右前旗在北京林业大学林学院的帮助下，开展了矮林向乔林的转变实验。

实验的目的很明确，就是操作矮林向乔林转变，同时生产物料，制作菌棒，把短期的物料生产与长期的乔林培育相结合。这是一个鼓舞人心的案例。

以下是他们的计划，由此计划可以看出，他们完全掌握了矮林转变的理论基础。

1 栎类天然林现状及存在的问题

科右前旗栎类天然林从南到北都有分布，共计117533.3hm^2，分布于12182个小班。林分平均年龄为25年，几乎全部为幼龄矮林，平均树高3.6m，平均胸径5.3cm，平均郁闭度0.62，大部分主林层较密，急需森林抚育降低林分密度。林木大部分为老桩萌生，个别老桩失去萌生能力。林木干形质量差，树干弯曲的林木较多，树冠绝大部分没有发育起来。林下未发现天然更新，但是出现栎类种子，这可能与放牧有关。土壤腐殖质较少，土层浅薄，立地质量不佳。见图4-30～图4-32。

图4-30　科右前旗的蒙古栎矮林（一）（图片：孟京辉）

图4-31 科右前旗的蒙古栎矮林（二）（图片：孟京辉）

主导功能与目标林相

依据国家的各项政策和森林经营规程，设定科右前旗蒙古栎天然次生林的经营目标是将其培育成多功能、近自然的优质乔林，具备较强的生态功能和经济功能。林分长久稳定，不间断覆盖地面，实施单株择伐、天然更新加必要的人工促进。

经营方法是近自然转变，即主要借助自然力实现更新。该林分主导功能定义为水源涵养，兼顾食用菌菌棒生产。目标林相为蒙古栎与其他乡土阔叶树种（如山杨、白桦）混交林，蒙古栎与其他阔叶树种的混交比例为7：3或6：4。

2 栎类天然林经营措施

设计3个经营模式：①以目标树为架构的全林经营；②群团择伐模式；③带状混交模式。

（1）以目标树为架构的全林经营

对这样的幼龄矮林，基本抚育原则就是保留实生树，伐除影响实生树的干扰树，逐步导向乔林。经营办法是在每丛萌生树中选择1～2株生长势较好的林木作为目标树，此外，对于林内相对较好的树木，不管是什么树种，也不管其起源（萌生或实生）进行保留，因为林分中可保留的树木已严重不足。对林内其他枯死木进行卫生伐，对其他生长势、干形差的Ⅳ、Ⅴ级林木进行下层疏伐。目的是改善树木生长条件，特别是卫生状况。这种疏伐会出现较大林窗，但林下很快就会出现天然幼苗，这也是把

图4-32 内蒙古科右前旗的蒙古栎经营实验（图片：孟京辉）

萌生林转变成实生林的机会。第二年或第三年，选择较好的实生幼苗，周边折灌，帮助其存活。此种幼龄矮林，经过疏伐、卫生伐后，立木组成会有极大改进，保留的立木都可以健康生长，林分活力转强，林相显著改观。林分由此走上健康发育的道路。但是，应视情况在第二年和第三年春天发芽之前，对天然更新的实生幼苗和保留树再进行抚育，必要时修枝。

前期作业需要在伐后产生的林窗内，群团补植蒙古栎幼苗或播种蒙古栎种子，补植原则为每亩5个群团，每个群团5～6株苗木。

（2）群团择伐模式

采用群团状择伐的方法是每亩开6～7个25m²的林窗，诱发林窗下自然出苗，等待杆材形成后再疏伐，最后一个小林窗留下3～4株幼树，最后只留1株作为目标树。这个不断疏伐的过程也就是不断生产食用菌原料的过程。在这个过程中，萌生树也被不断伐去，最后转变为实生乔林。这个过程中，鼓励保留其他树种，也鼓励人工栽植小苗，或者把密度大地段的小苗移栽到别处（栽裸根苗即可）。

前期作业需要在25m²林窗内补植5～6株蒙古栎幼苗或播种蒙古栎种子。

（3）带状皆伐模式

沿等高线割除杂灌条带，带宽2～3m，间距5～6m，在带内沿等高线开水平浅沟，帮助种子掉落沟内并发芽，在随后的头2年及时砍除带内新生的杂灌，对大树砍去主干以下的侧枝。

前期作业需要在开始的条带内，补植蒙古栎幼苗或点播蒙古栎种子。

参考文献

《曹新孙文集》编委会, 2012. 曹新孙文集: 汉、英、法 [M]. 沈阳: 辽宁科学技术出版社.

陈大珂, 周晓峰, 祝宁等, 1994. 天然次生林——结构、功能、动态与经营 [M]. 哈尔滨: 东北林业大学出版社.

陈嵘, 1932. 造林学各论 [M]. 上海: 金陵大学.

陈嵘, 1953. 造林学特论 [M]. 上海: 金陵大学.

陈朝圳, 陈建璋, 2015. 森林经营学 [M]. 台北: 正中书局.

汉斯·迈耶尔, 1989. 造林学——以群落学与生态学为基础 (第三分册)[M]. 肖承刚, 王礼先, 译. 北京: 中国林业出版社.

辽宁省林业学校, 1989. 森林经营学 [M]. 北京: 中国林业出版社.

刘慎孝, 1976. 森林经理学 [M]. 台中: 广益印书局.

孟宪宇, 2006. 测树学 [M]. 北京: 中国林业出版社.

盛炜彤, 1986. 关于提高杉木材生产力的几个问题[J]. 浙江林业科技 (1).

盛炜彤, 2016a. 我国应将天然次生林的经营放在重要位置[J]. 林业科技通讯(2):10–13.

盛炜彤, 2016b. 关于我国人工混交林问题[J]. 林业科技通讯(5):12–14.

叶镜中, 孙多, 1991. 森林经营学 [M]. 北京: 中国林业出版社.

易宗文, 1985. 森林学 [M]. 长沙: 湖南科学技术出版社.

赵立群, 翁国盛, 高秀芹, 2006. 次生林综述 [J]. 防护林科技 (5): 47–49.

朱教君, 2002. 次生林经营基础研究进展 [J]. 应用生态学报 (12):168–173.

Michel Hubert, 1983. Ameliaoration des taillis par balivage intensif[M]. Pasis: IIe édition, idf.

Marc Boudru, 1994. Forêt et silviculture, traitementdes Forêt[M]. Les presses agronomiques de Gembloux A. S. B. L.

Lanier L., 1994. Precis de Sylviculture[M]. IIe édition Nancy (France): ENGREF.

Dubourdieu J., 1983. Manuel d'aménagement forestier[M].

Yves Bastien, 1999. Forest, typologie des peuplenents[M]. Nancy (France):ENGREF.

Yves Bastien, 2001. Conversion−Transfiormation[M]. Nancy (France):ENGREF.

L. girard, 2009. La conduit et la conversion des taillis[M]. Bretagne(France): CRPF.

Yves Ehrhart, 2018. Management of the naturally regenerated tempered forests[R]. 北京: 北京林业大学"新时代的林业科学"论坛.

天然林保育学

附件1

树木起源包含着天然次生林运行的全部密码

一 这四张图片，你能读懂吗

我们在这里晒出四张图片，并就每张图片提一个问题。您若能回答，就说明已懂天然次生林，否则，说明您在天然林领域还不太懂。

附图1-1：这片林子的大部分幼树都在枯死之中，这是为什么？

附图1-2：这片林子树种一样，立地条件一样，林木发生年龄一样。为什么大部分树枯死了，另一些树还活着？

附图1-3：灌丛中只有零星萌生树，林地基本被杂灌占领。这是为什么？

附图1-4：一处老龄林分，林下基本没有灌层，这是为什么？

附图1-1

附图1-2

答案是：

附图1-1是一片幼龄矮林（也叫萌生林）。阔叶林被破坏以后会转变成萌生林，也叫矮林。这些萌芽生长极快，甚至一年可以长高2m，但它们却会在头20年内成批地死去。这种死亡潮，一般20年内会出现3次。

附图1-1提出了重要的林学概念。如：什么是矮林？矮林的发育规律是什么？如何把矮林转变成乔林？如何借助矮林的自然稀疏规律帮助实生树木的出现和建群？如何利用萌生树为培育实生树服务？

附图1-2是一处老龄中林，所谓中林，就是萌生树与实生树混生的林分。因为萌生树寿命短，这片林子里的萌生树已到了老化、枯死阶段，而实生树因寿命很长，还在生长。

附图1-2也包含着一些林学问题，如：中林是个什么概念？中林的发育规律是什么？中林的郁闭模式是什么？这种中林经营是否对树木一视同仁？什么情况下可以经营中林？等等。

附图1-3

附图1-4

附图1-3，是一处稀疏中龄矮林，它实际上是附图1-1林分演变的下一种状态，即在多次自然稀疏后，萌生林走出了幼龄阶段，但因剩下的萌生树太少，无法郁闭，林地被杂草和灌丛占领。这样的稀疏中龄矮林是很常见的，原因是幼龄矮林没有得到及时抚育。

附图1-3中，那些尚处于中龄阶段的萌生树，无论让它们继续存在多久，林分也不会变好，若予以清除，又会把全部林地让给杂灌。次生林到了这个地步，前期的被动保护反而形起了破坏作用。因为，无论如何，土壤种子都很难发芽和存活，能存活的也很难建群。这就是吴中伦团队50年前在小陇山研究描述过的萌生林不经营会回到的"原点"现象。这种林分的优化经营难度很大，但现实中却很普遍。

附图1-3也提出了一个很重要的林学问题：如何将这种稀疏中龄矮林转变成以实生树占主体的乔林？这个情况全国各地并不少见，如何借助现有中龄萌生林向实生林转变，属于天然次生林经营的攻关课题，但未见有人去攻关。

附图1-4是一片老龄矮林，是附图1-1类型在立地条件较好情况下形成的又一种情况。其实就是自然稀疏后留下来的萌生树较多，一些区段可以郁闭，林下基本没有灌层，但也很难有实生幼树存活。这种老龄矮林也很普遍，在山西、辽宁、吉林等多地都大量存在。

附图1-4提出的林学问题是，这种老龄矮林到了这个阶段，经营的首选作业是什么？老龄矮林如何建立更新层？关键是什么时候疏伐、透进阳光以及让土壤种子发芽。疏伐强度大了、小了都不行。透光多了会放纵灌丛和杂草疯长，透光少了种子即使能发芽也会死去。如何做到既不让灌丛和杂草疯长，又可以让实生苗发芽、存活与成长，是一项巧妙的技术。

但大自然有时会自动地形成极其有利于实生苗生长的同时又恰到好处地抑制灌丛和杂草的生长环

境，聪明的人从这种自然样地会学到很多知识。各地懂得天然林的人，他们也会巧用自然力获得更新层，但不懂天然林的人会反复失败。这个课题的主题就是"天然次生林的近自然转变"，但现在未见我国有人研究。吴中伦团队在小陇山做过类似实验，因为他们发现当初经营的栎类次生林，公顷蓄积180m³以上。

大家看得出，读懂这四张图片，有一个共同的视角，就是首先要看它们是实生的还是萌生的。"树木起源"其实就是读懂天然次生林的密码，这篇文章试图传播的就是这个理念。

二 树木起源包含着天然次生林运行的全部密码

在我国的林业文献中，说到起源，都是指天然林或是人工林。准确地说，从这个意义上说"起源"，实际是指"林分起源"。而本文这里使用了"树木起源"术语以示区别，表示树木是由种子形成的，还是指萌发、扦插等形成的。在欧洲，国家森林清查除了面积、蓄积，第三位的就是清查林分是乔林、中林还是矮林。

1 树木的两种起源决定了林分的两种发育轨迹

一般情况下，一个树桩可以发出几个到几十个芽，它们拥挤着生长（参见附图1-5左图），然后再一批批死亡，最后剩下几根或一根。这种情况，其实您早已熟视无睹。

萌芽的部位有三个，一个是伐桩断面的周边皮层，一个是伐桩周边主根部位，一个是远离伐桩的根系。伐桩断面周边皮层上的芽（萌条）最差，因为很容易随着墩皮腐烂而死亡，主根萌芽（萌蘖）品质稍好，远处根系的萌芽（串根苗）最好，它的品质接近种子苗。参见附图1-5中、右图。

绝大多数的阔叶树都可萌生。绝大多数的针叶树不能萌生。杉木可以萌生。

其实，即使树木未被砍伐，主干上也可发生萌芽，而且离地不同高度上的萌芽品质也不一样。1984年，法国有一个叫Ydiis Aumeeruddy的学生，提交了一份《树木萌芽更新研究》，较系统地探索了这个科学领域，据说他现在已经是知名的林学权威。因与本文主题关系不大，这里不予论述了。

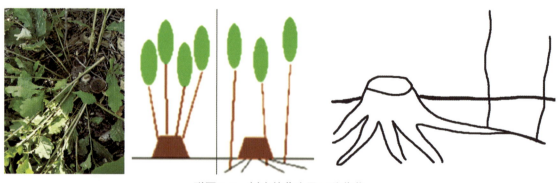

附图1-5 树木的萌生及三种萌芽

实生乔木一旦转为萌生起源，树木的各种性状都会发生改变，包括树木形态、生长轨迹、树木寿命，甚至木材材性。依树种不同、伐桩年龄不同，树木的生长活力也不一样，总之这些性状会影响林分的功能和前途。

这样，我们已知的那些森林经营理论和技术就不适用了，或者就没有针对天然次生林的理论了。

在我国，有一句流行得很广也很久的话："远看青山常在，近看永不成材"，其实，原因就在于树木起源由实生转变为萌生了，而萌生林靠自身演替成优质乔林，此期间它要经受几次生生死死，需要多少年就不得而知了。

已知萌生树及其组成的萌生林有太多的劣根性。

首先，萌生树的生物学年龄，是它赖以萌生的母树桩的年龄（桩龄）再加上萌生树本身的年龄（树龄）。如果树桩老化，萌生树会很快衰败、枯死。一般树种的萌生起源的树木，其寿命只有同一个树种实生树木的几分之一甚至几十分之一。以杨树、柳树为例，实生的杨树、柳树的寿命可以达近千年，而萌生的（包括扦插的）只有三四十年。当然，它们的生长曲线也不一样，参见附图1-6。

附图1-6是欧洲的一个统计，竖轴是生长量，横轴是年龄。红色曲线代表萌生林，黑色曲线代表实生林。附图1-6表示，萌生林头20年生长极快，但在大约十几年后，生长速度会如滚石一般跌落，到四十几年就不再生长。

不难理解，这就造成了萌生林的短寿命、多病害、不稳定和不卫生，更主要的是它无法形成高大林分，不能培育出优质用材。如果各种防护林是萌生林，那么它就会经常出现死亡的树木，近而要经常造林。其实，萌生林就是一个树木坟场（附图1-7）。

因此，在森林经营上，都要把萌生林转变成实生林。以德国为例，德国人的关注点虽然在人工针叶纯林转变为近自然混交林上，但是，一旦因风灾、火灾等产生了矮林，他们也会很干脆地转变为实生林，这个理念在德国很明确。

不过，利用萌生林早期速生的特性，经营薪炭林、工业原料林等，恰好可以扬其速生之所长，避其短命之所短。

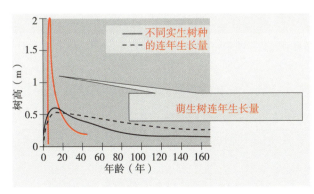

附图1-6　萌生林的发育规律：速生、速死

附图1-7　一片老龄中林：萌生树已经枯死、倒伏，而实生树还在生长

在实生树和萌生树混生的林分里（中林），萌生树只能充当下林层。这又导致中林郁闭模式变得较复杂。郁闭模式又决定了抚育模式。中林至少有两个林层，郁闭类型是无规则郁闭，参见附图1-8。

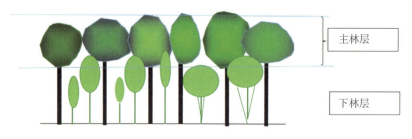

附图1-8　中林的两个林层

萌生树主干多数都是下段弯曲，叫"马刀弯"，现在南方有经营桉树二代林的，叫"弯头"。有"弯头"的原木，它的木材结构扭曲，只能用于削片造纸，无法用于加工锯材，参见附图1-9。

附图1-9　萌生树的基本形态是基部弯曲

一个国家的森林资源如果萌生化了而又不加治理，那这个国家的森林资源的遗传品质就会退化，好种源会越来越少，森林平均高度矮化，鲜有通直主干者。

20世纪60至80年代初吴中伦团队在甘肃小陇山林区曾深入地观察统计这类问题。据他们的报告，多代萌生的锐齿栎速生期在6~9年间，每公顷萌条和萌蘖可达7万株，但它们在头6年内会有一半死亡，6~10年内郁闭。随后第一次自然稀疏，死亡株数占郁闭时株数的66%。到20年时，下层小径木出现第二次自然稀疏，死亡量约占第一次的1/3。

显然，不从这个视角解读次生林，就永远也不懂得它是一个怎样的生命系统。按照乔木林的思维理解次生林，就会犯很多错误。这好比医生看不透病，用不同的主观想法反复折腾病人，就耽搁了他的健康。但一旦从萌生起源视角看待森林，一切都会很通透，甚至对林分发展具有了预见性。

树木的不同起源决定着林分的不同特性和发育轨迹。树木起源包含着天然次生林的全部密码。认知森林的基础视角是树木起源，这正是被我们长期忽视的。

2 树木的两种起源组合成三种林分类型

树木的两种起源，就是实生和萌生。这两种起源，会组合成三种林分类型：纯实生树组成乔林、纯萌生树组成矮林、两种起源混生组成中林。

把年龄因素考虑进去，就是幼龄、中龄和老龄，各自会出现三种情况，合计是九种情况。所有的次生林，理论上就是这九种情况，即：

矮林：幼龄矮林；中龄矮林；老龄矮林。

中林：幼龄中林；中龄中林；老龄矮林。

乔林：幼龄乔林；中龄乔林；老龄乔林。

判断中林的林龄，以萌生树年龄为依据。

我们的天然次生林资源，都囊括在这九个模式里了，参见附图1-10。

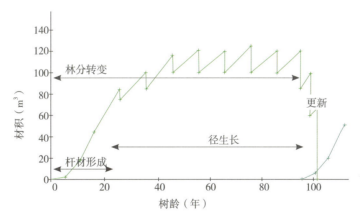

附图1-10 天然次生林经营的3个阶段，涵盖2种起源、3种类型、9种模式（据法国信托银行森林公司2016年在华报告）

3 忽视树木起源导致森林经营理念违背国情林情

从起源的视角认知天然次生林，就如同一把钥匙，可以轻易地打开次生林生态系统这把锁。很遗憾的是，我们没有找到这把钥匙！我们查阅了一些国内当代文献，均忽视了从起源视角认识天然次生林。

我国有不少文献都论述了天然次生林的分类，但都没有从本质上认识问题。有的说次生林分为公益林、商品林；有的说分为抚育间伐类、林分改造类、封育保护类、特殊利用类等。1981年出版的《造林学》一书，第37章谈到次生林类型划分：按发生时间分为早期次生林、中期次生林、晚期次生林；按发生地分为远山次生林、近山次生林。还提出按林分自然特征分、按生态因子分、按地形分、按经营措施分，等等。不知为何，这些分类竟全部无视了树木起源这个本质，还有的提出按经营措施分类，更是把因果关系颠倒了。

1991年叶镜中、孙多出版了《森林经营学》，该书第9章讲矮林和中林作业法，可惜没能深入到树木起源。

东北林业大学陈大珂、周晓峰、祝宁等，1994年出版了《天然次生林——结构、功能、动态与经营》，对于我国东北地区天然次生林的结构、功能、演变动态等，研究深度优于其他相关著作，但是也没有从起源视角认知次生林；该书第12章论述次生林经营，但主要介绍了欧洲的法正林、多功能林等知识，也谈到了"栽针保阔"，但没谈到次生林树木的起源问题。

至于2011年修订的《森林培育学》教科书，则把矮林、中林、乔林作业法也删除了，代之以低效次生林、低效人工林、低效防护林、低质低产林改造等概念。

这就导致迄今为止，我们对天然林这个领域还处于茫然阶段。我们曾全国性地以为割灌就是天然林经营。其实，天然林经营是不需要割灌的，除非为了帮助实生小苗而抑制周边杂灌。

木兰林管局是一个例外，他们的森林经营理念可能领先全国10年。在木兰，一般干部、职工，都已经能够针对自己管理的林分，提出较为科学的经营方案。木兰林管局的科学素养接近了欧洲国家的森林经营机构，他们按这个理论体系经营的林分，效果极佳，已得到林业界的公认。

看附图1-11，这里是河北丰宁县的山区森林，山上都是历史上长期砍伐以后形成的"蹲山猴"，几乎见不到实生树。它就在我们身边，可是我们却视而不见！

附图1-11　河北省丰宁县的"蹲山猴"植被

附图1-12～附图1-15是我们在各地拍的。这样的图片有近万张，都说明了萌生林的起源。

附图1-12　山西省10～20年生正处于剧烈自然稀疏期的幼龄矮林

附图1-13　老龄矮林

附图1-14　老龄中林，萌生树已经枯死

附图1-15　大兴安岭白桦林的萌生化

很多人也都经常去野外考察。但为什么就听不到从林分起源视角认识问题的声音呢？我们在与一线人员对话中，发现他们对于萌生林的认识比我们要深。对于这个问题，我们的感觉是，越是往基层走，这个问题越不算是一个问题。这总是令人感觉到，我们的理论和实际脱离了。人们从书本上、文件里以及课堂上接受的森林概念，可能是一个森林的符号。我们的教科书和我们的政策管理，也都只是从这个符号出发来教学、管理，而这个符号式的森林概念并不符合中国的林情。

三　国内曾存在天然次生林经营理论

多年来，我们一直在宣传天然次生林按起源去分类的观点，也邀请欧洲学者来华为我们补课。都说外来的和尚好念经，我们的感觉是，其实外来的和尚，经也不好念。

我们自己也在挖掘我国老一代林学家们的主张，甚至挖掘到了民国中央大学森林系那些元老们的著述，我们试图重建林木起源视角。但是，多年了，感觉中国林学的基本走向很难从既定路径上有些许拉回。

现在越来越理解，为什么20世纪50年代，德国一批先觉林学家，试图扭转19世纪以来形成的营造针叶纯林的思维，走向近自然林业，居然动用直升机撒传单。

我们的林学主体被忽视了，林学的历史也被割断了。

以下我们简单整理一些论据，供参考。

1　中国自己的林学瑰宝

附图1-16　林学大家陈嵘

陈嵘（附图1-16），我国的林学泰斗和祖师，1925—1952年任金陵大学森林系主任，1952—1971年任中央林业科学研究所所长，在近50年的历史时期内，他都是中国林学的领袖。他曾留学美国和德国，创立了中国农学会、中华林学会以及中国林学会。他就像德国的林学奠基人Gotta一样，也是中国林学的奠基人。他一生著作等身，他在1932年出版的《造林学概要》里，就很明确地把天然次生林区分为乔林、萌芽林、中林。

在他的主持下，中央人民政府高等教育部推荐高等学校教材《森林学（试用本）》中写道：

"由树桩的萌蘖或根蘖而生成的林分谓之萌芽林。我们的大多数阔叶树——柞树、榕木、槭树、榉树、山杨、赤杨、椴树等，都是萌发形成的。

树桩的萌芽由根径休眠芽发生。这种休眠芽的数目常多至数十个。

萌芽林与种子林之差别在幼龄林时期特别显著。因为萌芽是从树桩和主根发生出来的，所以萌芽林就具有成群分布的特性。萌芽林的这种分布特性会随着林分自然稀疏渐渐丧失，而其他的性状，则保留得比较长久——如在靠近树桩之处，萌芽林呈马刀形弯曲。

萌芽林初期的生长较种子林的生长快许多倍，这是因为母树根部有现成的营养料。桦树一年生的实生苗，其高度仅几厘米，而桦树的一年生萌芽则能达到1m。萌芽林的生物学年龄与日历年龄有区别：50年生树桩上的一年生萌芽，事实上它的年龄是51年。

萌芽林最终不能达到种子林那样的高度。因此萌芽林也称矮林，种子林也称乔林。矮林的伐期龄比种子林要早得多。

由萌芽林和种子林组成的森林，谓之中林。这种森林的形成，是由于在采伐时，保留了一部分种子林木；在这种情况下，这些保留下来的种子林木谓之上木。"

中国科学院沈阳林土所（现中国科学院沈阳应用生态研究所）曹新孙教授，于20世纪60年代，在提出的"择伐林"理论中，比较准确地提出天然次生林按起源分为矮林、中林和乔林。他的这个"择伐林"理论，按现在的话讲就是异龄混交林。当时，刘慎谔、朱济凡、王战、沈鹏飞、吴中伦等几十位林学界先辈一致支持（附图1–17），曹先生毕业于法国前皇家林学院（南锡），他带回了法国林学大家们的思想。

王战先生有一个给高层的报告，叫《东北森林采伐与更新》，报告里提出了"采育择伐"理论，这个理论也带来了较好的效果——如汪清林业局的立木蓄积在采出了3000万 m³后，今天还有3700万 m³（附图1–17）。

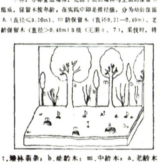

附图1–17　曹新孙和王战的林学

2006年，中国林业出版社出版的由孟宪宇主编的《测树学》，定义也比较准确：

"无论天然林或人工林，按起源还可以分为实生林和萌生林。凡是由种子繁殖形成的林分称为实生林（seedling crop），包括天然下种、人工栽植实生苗或直播后长成的林分，针叶树大多形成实生林；由根株上萌发或根蘖形成的新林，称作萌生林或萌芽林（spriut forest, sprout land）。一些具有无性更新能力的树种，当原有林木被采伐或受自然灾害（火烧、病虫害、风害等）破坏后，往往形成萌生林。"

一直到20世纪80年代，我国仍有林学教授坚持这些对于次生林的认知。

王礼先教授1989年翻译了奥地利学者迈耶尔的《造林学——以群落学和生态学为基础（第三分册）》，该书明确地把次生林划分为矮林、中林和乔林，提到了欧洲关于不同起源林分类型的郁闭模式，明确提出次生林经营的主要模式是"转变"（"改造"只适用于个别情况）。

20世纪60年代一直到80年代初，中国林业科学研究院以吴中伦为首的林业专家团队在甘肃省小陇山次生林区所做的20年研究，十分深刻地揭示了萌生起源的锐齿栎矮林的演替动态。这是一个研究次生林经营措施的大型案例，也曾在北方16省（自治区、直辖市）推广。可惜这些宝贵的天然次生林经营知识被慢慢丢失了，这主要是近30年的事。一个由20人花了20年时间研究、观察、实验得到的林学结论，在全国性森林经营时代，竟然可以被忽视！

2　欧洲林学的教益

欧洲林学早在200年前，就把天然次生林区分为矮林、中林和乔林，并且成为欧洲林学的核心内容，做出主要贡献的是德国著名林学奠基人Gotta。

20世纪，在欧洲，每个次生林类型的经营技术都已经明确了。有一本手册叫《矮林的改进》，就专门论述矮林转变成乔林的技术，已连续再版（附图1-18）。

附图1-18是我们已收集的欧洲育林专著或教科书。已知法国、比利时、瑞士、奥地利等都是这个林学体系。我们研究过一个比利时课件"Sylviculture"，为查其作者，竟然追到了俄罗斯网站上，这才发现俄罗斯也是这个林学体系。

附图1-18　西欧诸国的核心林学著作

附图1-19左右图是法国南锡林学院森林培育学教授Yves Ehrhart（伊夫·艾哈勒）于2018年4月，应北京中林联邀请，在北京林业大学举办的"新时代的林业科学"论坛上所做次生林经营理论报告的PPT，这个报告的题目是"温带天然次生林经营的理论框架和基本技术"。但遗憾的是，他精心编写的这个报告，被我国的人工林经营讨论挤到一边去，无人关注。

还有，附图1-10实际上是法国信托银行森林公司2016年在山西临汾的中法林业合作会议上所作报告中的一个图。这个报告也是以次生林树木的不同起源形成的矮林、中林如何经营为基础的，这个报告也是未被理解。

树木起源包含着天然次生林运行的全部密码 | 附件1

附图1-19　法国林学教授在京讲解次生林起源及分类

需要指出，20世纪的德国，由于全社会都高度关注因19世纪后半叶全面破坏天然林而导致的森林针叶化问题（用半个世纪把全国99%的次生林都改造成了针叶纯林），所以"二战"以后的德国林学，早不存在天然次生林经营问题了，更多地关注人工针叶纯林的近自然转变。这就是德国七八十岁及更年轻的林业专家不懂这个问题的原因，这也是目前我国的森林经营实质上只关注人工林问题的根源。

法国等国家历史上没有大规模地用人工林取代天然次生林，他们坚持对次生林进行近自然转变，尊奉的箴言是"模仿自然法则，加速发育进程"。走这条路获得的收益并不低，同时生物多样性得以保护，国土景观保持优美。迄今，法国尚有600万hm^2、占全法森林总面积36%的矮林和中林，还在"转变"成优质乔林的道路上。在欧洲，其他国家没有犯过德国那样的错误，基本都是法国、瑞士的路子。这条道路，虽然把矮林和中林转变成乔林是目标，但过程就是目的，过程中可产生各种效益。

我国的天然林面积占森林资源总面积的64%，我国的林情更接近法国。

这些年，有听取过欧洲专家报告的中国专家也感慨地说，"原来以为我们的研究已经很到位了，现在才明白，我们的路子走偏了"。

四　我们用双脚解读了中国森林

也许一些人不相信我们的观点，甚至想当然地认为我们只是坐在家里遐想。

但是，大家应当都知道，我们中大多数人是生在林区、长在林区、工作在林区的，我们知道森林从种子到大树是怎么一个过程。

我们有一位作者，每年大约有1/4的时间在各地山中，每到一地，只逛山林。他多次一天爬三四座山，连续爬三四天。他曾经用10天时间坐汽车，从长沙去柳州，唯一目的是考察森林现状，平均每天坐车10个小时以上，他多次在无路的沟谷里走十几里。他也多次费力地挤进矮林树丛观察次生林结构。20世纪90年代，他曾在海南做项目12年，走遍了那里的山。

想起来，我国的主要山系，如六盘山、太行山、秦岭、大巴山、大别山、巫山、雪峰山、武夷山、南岭、大兴安岭、小兴安岭、长白山、台湾山区、海南岛山区、阿尔泰山、天山、祁连山、横断山等，都已在我们的脚下走过，甚至连喜马拉雅山南坡也走过（附图1-20～附图1-23）。每一次进山，我们必定要爬到山上去，再钻进林子里。站在路边，我们一句话也说不出来。历经这些考察后，我们共同确认了一个事实：我们面对的基本上就是一个萌生林的世界，而这样的森林如何搞，教科书和政策上基本没有告诉大家。

附图1-20　在山西的山里

附图1-21　在南方天然次生林里

附图1-22　川西的高山栎矮林，半数的山坡都覆盖着这样的矮林

附图1-23 川西的高山栎矮林，这样广大面积的矮林是因为冬芽受到抑制形成的

我们的结论是，我国的传统农、牧业地区的天然林植被无不是以萌生树为主。这个林情，比原来想象的要严重得多。我们发现，一千年前的清明上河图里的树木也都是萌生树，我国的山水画无不以反映萌生树为主题，即便在都市，只要你有兴趣，抬眼便可看到萌生树。

以河北省围场县木兰林区的天然林为例，萌生林占93.4%，实生林只占6.6%。从木兰林区的全部森林资源来看，木兰林区的乔林约占森林总面积的40%，矮林约占40%，中林约占20%。回头再看看附图1-11、附图1-12，这里是丰宁县，包括附近几个县，山上都是历史上长期砍伐以后形成的老龄矮林。

我国广大农区、牧区的天然次生林都是萌生林，这是我们用双脚读出来的。你若没有进过足够的山，钻过足够的林，你根本就不理解这个判断。

附件2

林业上有个幼化理论，你再不知道就要怪你了

从1978年才开始建设的"三北防护林"的杨树林，刚三十余年就大量死亡（附图2-1），两三年前媒体已做过报道。但对杨树死亡的原因，公开的说法是干旱造成的，《三北防护林建设规程》里也写着杨树三十来年就死。但本人认定这是典型的讳疾忌医。特别是现在又决定要大规模绿化造林，良心驱使我不得不再次呐喊。讳疾忌医就是自欺欺人，是对历史不负责任。

三北防护林杨树成批死亡，根本原因是繁殖材料未经幼化处理造成的！

不仅"三北防护林"大量使用老化苗木造林，我国其实普遍存在，包括城市绿化造林。人们经常抱怨我国有太多的小老头树，其根源主要在于使用了老化苗。

附图2-1　三北防护林杨树林死亡
（图片：燕赵都市报）

附图2-2　这张图片支持杨树是旱死的结论吗

附图2-3是1910年美国植物学家迈耶在我国北方拍摄的杨树，他当时拍摄了大量的三北地区的杨树、榆树等大树。这些图片今天意外地成为说明三北地区杨树的寿命并非只有三四十年，而是至少三四百年的证据。本人见过800年生的杨树。

附图2-3　中国北方的大白杨，高约30m（迈耶，1910）

同是杨树为什么寿命如此悬殊？原因就在于当年的那些杨树是实生树，而三北防护林营造的杨树林是扦插繁殖的。按照林木无性繁殖中的幼化理论，实生起源的树木的生长寿命最长、活力最强。

我们假设一株实生树木的寿命为300年，而扦插、嫁接的苗木，无一例外地都会继承母体的年龄信息，继承多少年龄，新树的寿命就会折损多少年，所以这种苗木的自身年龄加上隐性年龄，就使得树木的寿命大为缩短。目前我们看到的是只剩下理论寿命的30~40年。使用这样的苗木营造短周期的工业原料林，因为是短周期经营（杨树就是十来年采伐），掩盖了这个问题。但如果我们用以营造长周期防护林、城市森林或者其他的景观林等，这个缺陷就会显现出来。三北防护林中的杨树林刚刚营造了30余年就开始大面积死亡，根本原因就在这里。

把三北地区的杨树防护林死亡问题归结为环境恶劣，就好比医生只看到了病情而不知道病因一样。

林木无性繁殖中的幼化技术，在我国是一个比较陌生的概念。在欧洲非常普及，笔者在20世纪80年代在法国留学时第一次遇到这个概念。此前，在国内未曾听说过。在国外阅读外文时遇到rajeunissement（幼化）这个词，也不知道对应的中文词。有一次憋不住了，就问"什么是rajeunissement"，未曾料到居然引起来自其他国家同学哄堂大笑，他们感到好笑的是来自中国的学生不知道什么叫rajeunissement。

后来老师还专门给我补了课。老师说："rajeunissement就是你们中国盆景艺术的反向技术。盆景艺人千方百计把一棵小树弄得百年沧桑，我们则是要设法把造林繁殖材料的属性弄得接近种子，种子苗是最幼化的。"

最有效的幼化技术是组织培养，然后用这种组培苗做采条母株，就可以在很大程度上消除插条携带的母体年龄信息。不同树种采条母株可以使用的年限也不一样，比如桉树只能使用两年，而且采条高度也有限制。

在法国，他们曾经把一株300年的老巨杉枝条，幼化到可以扦插生根，不过需要把繁殖材料连续组培27次。

过去造林都是种子直播，现在多为扦插，尤其是容器扦插，育苗和成林是快了，但是却带来了老化和窝根弊端。很多人没有想到赢得好处的同时也会付出代价。

2014年秋天，《经济学人》杂志曾派一位驻韩记者专程来华考察三北杨树死亡问题。她先来北京我家，探讨中国三北防护林为什么大面积死亡。本人清楚他们试图通过这个问题挖出点什么。就指出，主要原因是缺失杨树繁殖材料的幼化，是一个技术细节问题，没有其他的原因。此项报道发表之后，在国际上引起过关注，还曾有一位美国沙漠作家顺着这个线索找到我，要求组织来华考察治沙造林，但国内对这种事毫无反应。

我曾几次想系统调查三北防护林杨树死亡的技术问题，但没有支持的，搞不懂。现在又要发动大规模绿化造林，我就担心，会不会犯同样的错误。

我们在三北防护林营造中使用的杨树苗，一般都是从母株采条扦插，生根后栽植，也有用干直插的。不管怎样，繁殖材料都携带了母体的年龄，而母体的母体也携带了更上世代的年龄。所以，我们今天用的扦插苗，虽然幼嫩，但它一定是携带了先前世代的年龄总和，以至于留给它自己的寿命就只剩了三四十年。这如同把一座产权期70年的房屋一次次卖给下家，到最后一家，就只剩几年的产权了。聪明的买主是不会购买这种没有产权寿命的房产的。可惜，我们林业上，怎么可以不明白这个道理！

扦插繁殖会积累年龄信息，任何植物都是如此。农业上如红薯、土豆、甘蔗等依靠插条、根块等繁殖的，也有老化问题，一棵吊兰也是如此。但农业上早已警惕了这个问题，他们推广的脱毒红薯、脱毒马铃薯、脱毒甘蔗、脱毒香蕉苗等，焕发出了活力，土豆可以长得像红薯。遗憾的是我们林业上一直视而不见，始终不见触类旁通。

20世纪90年代，我曾宣传南方桉树育苗中的幼化技术理念。十几年间，人们只知道剪条育苗，谁都没有幼化概念，所以我国的桉树林，单产始终不能突破年公顷30m^3，栽植的桉树都很快显现出老龄迹象。还是生产上的教训教育造林商懂得了这个问题，他们发现组培苗怎么长得那么快？现在，南方的人们只认组培苗，就是吃老化苗的亏吃得太多了。其实最佳的繁殖技术路线是组培加扦插，成本低、效率高。遗憾的是北方还没有这个意识。

在我国，林木繁殖中的幼化理论，是一个必须大力强调的问题。很可惜，本人写过那么多文章，也没有引起应有的关注。

还有城市绿化，即便是在北京，只要你注意观察，就会看得出，凡是扦插繁殖的行道树，多为小老头树，树木很小，但已经老了。如附图2-4至附图2-6。

附图2-4　北京的法国梧桐行道树，幼树就已经结满球果了

附图2-5　北京的杨树也开始死亡

附图2-6　我刚入住十多年的小区绿化柳树，也开始死亡了

对于国有林场来讲，如果是在用材林培育中使用了老化苗，那林木生长就被打了折扣；如果是营造了防护林，那就会在数十年内死亡。规避老化苗造林的基本方法是用组培苗建立采条母株。

北京林业大学已故院士朱之悌先生20世纪80年代在毛白杨选育中，为了解决插条不生根的问题，曾经摸到了这个林木扦插繁殖中的幼化问题，他写了3篇重要的论文，可惜随着他的去世，被现在的人们忘却了。幼化技术，几乎未能在任何官方文件中被提及，以至于紧密相关的管理机构也不知道。更可怕的是，教科书中也一字不提。

作者建议：

——涉及防护林、城市森林、景观林和一般的绿化造林的林场，尽可能采用天然品系，至少要使用经幼化处理的苗木造林。到过巴黎的人会看到，塞纳河边的杨树都是野生品系，无人去栽植人工品系，而人工品系只是出现在工业原料林里。

——要培育大量的实生杨树苗木，用于三北防护林的重造。安排信誉高的苗圃，培育杨树实生苗。也可以利用杨树组培苗做采条母株，采条扦插育苗。这样的苗木，基本消除了先前世代的年龄信息，可以显著延长寿命，基本规避杨树短寿命的问题。

在我国，林木无性繁殖中的幼化理念，很多人没有听说过。2016年，一位常驻上海的法国老太太还说过："不懂中国的林业专家，为什么不懂幼化。"

本人也在很多场合强调过这个问题，始终被"一听了之"。

最近一直在宣传新时代下国家要再造林几千万亩、几亿亩，到2035年森林覆盖率达到26%。我很害怕再造的老化林，活不到那个时候。不知道林学界如何应对？

（侯元兆）

附件3
我为主根鸣不平

根,是一个大问题。十几年前,我曾经打算研究树木的根。我认为,研究根可以构成一门《根学》,它内涵丰富,对树木繁殖和造林有指导意义。

这里,我挑一个关于根的最为紧急的话题,先说一说。其他的,也许没有机会说了。

就是,我要为主根鸣不平。许久以来,我就知道,在中国,林木育苗中主根被视为一个可有可无的累赘,一直被主张阉割掉。传统的育苗造林教育当中,老师一直告诉学生,割掉主根可以促进侧根发育,方便栽植,促进成活。

可是,真是这样吗?老师或者这样写教科书的人,他真的研究过关于根的问题吗?他真是在研究的基础上,才提出切主根的主张的吗?

我们知道,根分为主根、侧根和毛细根,侧根和毛细根的载体是主根。

看附图3-1,如果没有了主根,何来侧根和毛细根?如果主根被剪去了2/3,是否能够生出侧根的部位也就剩了1/3?那么,只剩自然长度的1/3的主根,能够承载起亿万年树木进化形成的主根功能吗?

在这种情况下,那么这棵树,必定在1/3的残留主根区间,发展水平侧根以补偿缺失的根系。这可能就是教科书所看重的,它把这种根系补偿视为有很多好处,一直提倡。

可能这个水平侧根系扩展会很大,但是它却必定很浅,对此,教科书就回避了。比如,原本它可以深入1.5m,现在只能深入0.5m,也就是说,这棵没有了主根的树,它长大后会形成一个0.5m厚的根盘。

那么,不难理解,它只能抵抗得住可以在0.5m深度上不被刮倒的风,只能吸收到地面以下0.5m深度以内的水分和营养,只能在0.5m土层以内与同层根系的其他植物竞争水分和营养。与1.5m深的根系相比,它的生长能力被无端地剪去了2/3。它会变成附图3-2这样。

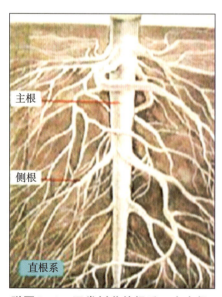

附图3-1 正常树苗的根系,由主根、侧根和细根构成

附图3-2 一株树苗剪除了主根,会在地里发育出这样的水平根系

事实上，几十年来，我国用于造林的都是这样的苗木。各种种苗标准，都强调根茎比等，但都没有指出剪除主根的错误。几十年来，我们一直在无视树木为什么要进化出一条主根。我们的教科书对林木个体的发育规律等写得很多，但是却在这些论述的基础上引申出了剪除主根的结论。

这个后果，可以表现为遇风倒伏，遇旱枯萎，遇病猝死，或被其他植物压制而死（附图3-3～附图3-5）。

附图3-3　几十年来我国造林都是在使用剪除主根的苗木

附图3-4　用无主根苗木营造的幼林极易倒伏

附图3-5　无主根的树木，即使长大了，也极易倒伏

年年都有城市树木被风倒的报道。有的是刮断了主干，有的是连根拔起，几乎没有人考察为什么有的树宁断不倒，有的树却一吹就倒。

20世纪80年代本人留法时，曾经在野外上过一堂课。老师把学生们带到一片人工林内，指着其中那些被压木，问这些树木为什么被压。我是没有想到原因，但很多同学一语道破天机，说是苗子没有主根。老师总结时，还拔出一株予以证实。

2007年，本人去江西赣州考察时，赣州市委书记跟在后头，我问他跟我们上山干什么？他说他有一个问题要找答案。上到一片山坡后，原来是一片不到一年的桉树林，都倒伏了（附图3-4就是本人当时拍摄的）。他说昨天刚刮了一场不大的风，为什么树都倒了。我如法炮制，轻轻一提溜，一棵倒伏的树就出来了，没有主根，侧根都断在了土里。那位书记没说什么，就回去了。相信他一看就懂了。还有，请看附图3-6，这是本人在福建德化拍摄的，近一年生的桉树幼树，轻轻一提就出来了，全部根系都断在了土里了。

正常根系与残废根系通风时的应力见附图3-7。

附图3-6　桉树幼林，无主根并窝根（2007，福建德化）

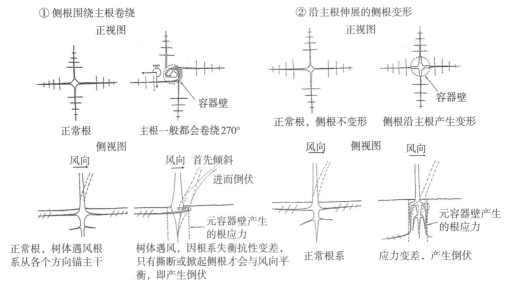

附图3-7　欧洲关于苗木主根重要功能的研究示意图

剪除了主根的树，还有一个表现，就是生长慢。请看下面的示意图（附图3-8）。

附图3-8　没有了主根的树木吸收营养的范围被局限，生长缓慢，抗性很差

附图3-9　左图为一株栎类苗，它的根系进化成为这样的形态，有它的道理。欧洲尊重树木的这种个体发育规律，极为重视保护苗木主根。德国栽植有主根的苗木时采用这种细长鸭舌锄（中图）。右图为山西省改变了剪除主根的育苗理念后，开发出来的保护主根的无纺布育苗容器

树木以主根为轴心发育出来的根系，对树木起固定和支撑作用，吸收土壤中营养的作用，发挥着对水分和营养的传输作用，本身还是一个合成、转化和储藏营养的器官，并且还具备繁殖功能。把主根剪除了，是否也就基本上取缔了这些重要功能？那么，你栽这种树，还有什么意义呢？你还希望培育出优质林分，那不是有点儿傻吗？

可是，我国的林学，一直是教导人们育苗时要切掉主根，而且还要不止一次地剪。请看，我们的教科书上是这样写的：截根、切根、断根，是把生长在苗圃地上的幼苗或苗木的根割断。通过截根能够有效地控制主根的生长，促进侧根和须根生长，扩大根系的吸收面积。苗木切根是培育壮苗的重要措施之一。

本人20世纪80年代初进修林学概论时，就是这样讲的。目前最新的教科书还是这么写着。那就是说，起码是有40届的毕业生，也就是60来岁以前的林学毕业生，都被植入了这样的理念，此前的情况不知道。

作为一个学生，我没有去想过教科书上的这个结论是错的。一直到20世纪80年代末本人在欧洲学习林学，才知道他们育苗都是在追求主根，哪里是要剪除主根！在学习组培时，老师也是说，树木组培无论如何都不会产生主根，这是组培的代价，是没有办法的事。这更使得我认为，在中国林学里，做一条主根也是冤，总是想为主根鸣不平。

在中国，育苗中剪除主根的影响，太强大了！我前年曾经与一位省林业领导人深谈了3个小时，他最终是理解并更正了原有理念，并且立即部署开发保护主根的新育苗技术。但也有人不敢接受。曾经在一个林管局，欧洲专家再三强调不能剪切主根时，人家却强调"那是院士和国家专家的意见"。一直到前几天，我们在微信里又谈及不能剪除主根，还有人强调"根据我们的实践，剪除主根栽植时方

便，不至于根太长，还有不窝根，不影响生长。另外一个原因是把起苗时损伤的部分剪掉、修齐，可减少腐烂和病虫发生"。这段话的核心意思是剪主根对人方便，至于对树是否方便，那就管不了了。这大概是中国林学的一个错误立足点（顺便提及，对有毛病的侧根要剪除，对断裂的主根也要剪除）。所以我们造出来的林子，简直就像一群残兵败将戳在地里。

我们在这里鲜明地主张，剪除主根的理念是错误的。

最后我们归纳一下，主根之对于树，就在于它是树的一个抗风稳定器、根系扩散器、深水汲取器、营养制造器、春季萌发发动器。